名家科学眼

王义炯　王　慧　编著

动物的生存策略

会变色的魔术师

MINGJIA KEXUEYAN

上海科学普及出版社

图书在版编目（CIP）数据

动物的生存策略：会变色的魔术师 / 王义炯，王慧编著．—上海：上海科学普及出版社，2015.7

（名家科学眼）

ISBN 978-7-5427-6220-7

Ⅰ.①动… Ⅱ.①王… ②王… Ⅲ.①动物—普及读物 Ⅳ.①Q95-49

中国版本图书馆CIP数据核字（2014）第203923号

策　　划　胡名正

责任编辑　林晓峰　叶婧芸

统　　筹　刘湘雯

名家科学眼

动物的生存策略

——会变色的魔术师

王义炯　王　慧　编著

上海科学普及出版社出版发行

（上海中山北路832号　邮政编码 200070）

http://www.pspsh.com

各地新华书店经销　　北京市艺辉印刷有限公司印刷

开本 787mm×1092mm　1/16　印张 8　字数 160 000

2015年7月第1版　2018年5月第2次印刷

ISBN 978-7-5427-6220-7　　定价：29.80元

卷首语

本书从动物生活的一个侧面——动物的谋生策略，反映绚丽多姿的动物世界。

呈现在读者面前的，是一个温情脉脉、充满爱心的伊甸园。为了求得生存，这里情歌阵阵，婚舞翩翩；有爱的奉献，也有爱的结晶；有母子情、父女情，也有手足情和同伴情。

呈现在读者面前的，又是一个充斥凶杀和暴力的王国。为了求得生存，这里的弱肉强食比比皆是，混世魔王、豺狼虎豹大施淫威，炮虫、电鱼、“剑侠”大显神通。

这是一个复杂的社会。这个社会的成员约有 150 万种，它们分工明确，各司其职。它们中间，有做工的、放牧的，也有建筑师、保姆和卫士等。为了在大自然中赢得一席之地，这些芸芸众生都激发了各自的潜能，使出了浑身解数。结果，它们一个个都身怀绝技，成为生存竞争中的强者。

目　录

生存篇

谋食篇

避敌篇

生存篇

在生存智慧方面，动物要比我们想象的聪明得多。这些最精彩、最惊心动魄的一幕幕场景在动物世界中处处可见。在进化的风雨路上，动物王国的公民们“八仙过海、各显神通”，掌握了行之有效的洞天察地术和导航术等。

动物学家经过长时间的探索和研究，终于揭示了动物行为中的一些奥秘。他们发现，有200多种蝴蝶为谋生而集体“旅行”。美洲有一种体形美丽的彩蝶王，在几千千米的长途迁徙中，会成千上万只成群结队地日行夜宿，历时数个月。这支彩色的队伍飞越大海、高山和荒漠，同彩云竞飞，与流霞争艳，蔚为壮观。

动物学家们发现，动物的眼睛千奇百怪，各具特色：在所有的动物中，视角最大的要数鱼眼了；海豹的水陆两用眼也别具一格；对运动物体能“明察秋毫”的蛙眼，是得天独厚的。此外，夺人眼球的还有看得见红外线的眼睛以及“紫外眼”等。

动物学家还发现，动物们有着五花八门的生物钟，使自己能在大自然的怀抱里正常地生活、觅食和活动；它们在能量积聚和消耗上已懂得了“开源节流”；它们是足智多谋的，它们会施展阴谋诡计，甚至使用骗术；它们会“助人为乐”、“见义勇为”、“扶危救难”……

动物的“钟表”

夏日傍晚，渐渐暗去的天空，突然出现了许多蝙蝠，好像有什么号令似的，一下子把它们从古庙阴暗的角落、湿漉漉的山洞或者密不透光的树丛里招唤了出来。而在山村入暮时分，人们常常可以听到猫头鹰凄厉的鸣叫声，每天几乎总是在同一个时间。

只要稍微留神一下，你就会发现，在江南的田野上，鸟类都是按时“起床”的：东方欲晓，公鸡一跃而起，首先“引吭高歌”；接着，鸭群苏醒了，争先恐后地发出“嘎嘎”声；隔一会儿，一种白脸的山雀醒来了，它的鸣声尖锐清越，就像带有颤音的笛声；没多久，早起的麻雀也“吱吱喳喳”地喧闹开了；白头翁是喜欢睡懒觉的，当金色的阳光普照大地时，它们才慢腾腾地放开歌喉。

大自然为每一种动物安排了一张“作息时间表”。猪、牛和羊等家畜总是在白天活动，可是猫却喜欢在白天睡大觉。每当夜幕降临，猪、牛和羊开始入睡时，猫才伸伸懒腰，活跃起来了。鼯鼠的“作息时间”有一点和猫类似，它白天只待在树洞里，夕阳西下后才钻出来活动，在树林里张“翼”滑翔，捕猎食物，一直忙到天将破晓，才回洞穴休息。

鼯鼠白天睡大觉，晚上才出来捕食　图片作者：P.J.Turgeon

美国加利福尼亚州有个奇特的农场，100 多匹毛驴是这个农场的职工，它们承担了那儿的所有农活。有趣的是，到了中午 12 点，所有的毛驴都会自动停止工作，谁也无法强迫它们继续干活。而到了下午 6 点，它们又分秒不差重新干起活来。

动物不光知道钟点，还知

雄性招潮小蟹有一只巨大的螯 图片作者：Chinmayisk

道日程呢！燕子每年都要进行一次“长途旅行”。冬天，燕子南飞，到南洋群岛、印度和澳大利亚等地“避寒”；等到春暖花开的时候，它们又成群结队地北上，早春二月，它们飞到中国的广东地区，3月间到达福建、浙江及长江下游地区，4月初就可以在秦皇岛看到它们的踪迹了。

在墨西哥的下加利福尼亚半岛沿海，每年总有一群来自北冰洋的远方客人——灰鲸。北半球漫长的冬天开始后，成百头灰鲸开始告别北冰洋，以每小时6.4千米的速度向南游去。它们穿越白令海峡，横渡浩瀚的太平洋，在2月初到达墨西哥，旅程长达1万千米。引人注目的是，它们从不“失约”，每年到达的时间，最多相差四五天。

最奇妙的要算一种叫琴师蟹（也叫招潮小蟹）的动物了，这是生活在海滩上的一种小蟹，雄蟹有一只巨大的螯，使它看上去就像一位正在拉小提琴的琴师，为此人们就把它叫做琴师蟹。白天，琴师蟹藏在暗处，这时它们身体的颜色会变深；夜晚，它们四出活动，身体的颜色又会变浅。颇有趣味的是，琴师蟹体色变深的时间，每天会推迟50分钟。要知道，大海涨潮和落潮的时间，每天也恰好推迟50分钟。看来，动物与大海之间也有着某种默契。

每年5月，在月圆以后，美国太平洋沿岸会出现一次最大的海潮。闪闪发光的银鱼，就是被这一年一次的巨大海潮冲上海岸的。在海岸上，银鱼完成了传宗接代的任务后，又被海浪卷回大海。

为什么燕子和灰鲸在长途旅行中这么准时？为什么银鱼从不错过这一年一度的大好时机？究竟是谁向动物报告时间的？原来，在动物的体内有一种类似时钟的结构，这就是生物钟，它使动物的活动显示出了极强的规律性。

迁徙的鸟类

科学家用蟑螂做了一个实验。每当傍晚时分，蟑螂都显得特别活跃。科学家把蟑螂关在一个黑暗的笼子里，发现它们的活动周期是23小时53分，这跟地球的自转周期多么相近！蟑螂的生物钟在哪里呢？科学家在蟑螂的食管下方找到了这个生物钟。它是一种神经组织，这一组织能在体内有节律地产生控制蟑螂活动的激素。

如果把一种绿蟹的眼柄摘除，它们的体色随昼夜变化的规律就会消失，这说明控制绿蟹这一规律的生物钟就在眼柄内。

近年来科学家发现，鸟类的生物钟就在它脑子的松果腺细胞里。一到黑夜，鸡的松果腺细胞便分泌一种叫黑色紧张素的激素，使鸡知道该去睡觉了；如果把一只麻雀的松果腺摘除，这只麻雀每天活动的周期就消失了，这时若将别的麻雀的松果腺移植进去，这只麻雀的活动周期便恢复了。

知识窗：各种生物钟

生物钟五花八门，多种多样：有和昼夜相适应的日钟，有和潮汐相适应的潮汐钟，还有和地球公转、季节变化相适应的年钟。正是这些生物钟，使动物能在大自然的怀抱中，正常地活动、觅食和繁殖。

好吃懒做的动物

我们常常认为，动物是很勤劳的。不必说奔跑的骏马、凶猛的老虎、飞翔的燕子，连蜜蜂和蚂蚁等昆虫也都是整天忙个不停。然而，科学家们发现，这种看法并不完全正确。恰恰相反，自然界中大多数动物都很懒惰，它们整日无所事事，百无聊赖地打发日子：有的站着，有的四脚朝天躺着，有的打着盹儿，有的挂在树上晃荡，真是懒态百出；它们只在不得不进食或能顺便吃到点东西时，才会走动。

动物果真好吃懒做吗？是的。在非洲原野上，狮群可以连续 12 小时一动不动地趴在那里，远远望去，就像一片黄褐色的土堆。这种动物一天中真正用于狩猎的时间只有四五个小时，其余时间便都在睡觉。

你知道吗：懒猴是有名的懒汉？

懒猴常常将自己吊在树枝上
图片作者：David Haring / Duke Lemur Center

我国一级保护动物懒猴，是猿猴世界中出名的"懒汉"。白天，它既不蹦蹦跳跳，也不打打闹闹，而是安安静静地待在树洞里、树干上，抱头睡大觉。这时候，懒猴的整个身体蜷缩成一个圆球：鸟啼兽吼，都无法惊醒它；鸣枪放炮，也很难轰醒它；如果你走上前去，拼命摇晃它的身子，它也只是懒洋洋地睁一下眼睛，便又沉沉睡去了。当夜幕降临后，睡了整整一个白天的懒猴才慢慢地苏醒过来。它不会跑，也不会跳，只能用短而粗的四肢在树上爬来爬去。懒猴的动作非常缓慢，走一步似乎要停两步，而且边走边东张西望。有人曾做过一个观

鹿每天要花大量的时间进食和消化　图片作者：Raul654

察，懒猴每挪动一步，竟然需要12秒钟。

大多数猴子都活泼好动，被人们称为“大自然中不知疲倦的杂技家”。可是，科学家发现，许多猴子在白天竟有大约3/4的时间是不活动的，更不用说它们晚上还要睡12个小时的觉了。有一次，两位科学家为了观察一种猴子的生活规律起了个大早。他们原以为猴群早晨7点钟就开始觅食了，谁知等到11点钟它们还在呼呼睡大觉。

动物为什么长时间处于休息状态呢？生物学家分析了动物的能量需求、生育率、食物和水的需求以及气候等因素后发现，对很多动物来说，静止不动往往是利大于弊。

这里，不妨让我们先来看一下恒温动物。运动会使它们体温升高，加速体内水分的散失，造成体温过热，而这对它们来说可能是致命的。有一位动物学家研究了驼鹿，发现如果它四处奔波，寻觅食物，体温就会急剧上升。假如这时它遇到了一头狼，就不得不狂奔逃命，从而使体温进一步升高，最后势必会热死。因此，为了生存，驼鹿必须以逸待劳，保持低体温。牛和羊等反刍动物每吃一小时的草，必须

一动不动的树懒和周围的环境融为一体

沙漠中的蜥蜴常常静止不动，以便吸收来自沙子的能量
图片作者：Ester Inbar

花三四个小时来消化。它们别无选择，只能静静地躺在那儿，把胃里的食物重新吐回嘴里细嚼慢咽，然后送到胃里消化吸收。鸟类的大部分时间也在养精蓄锐，因为它们飞行时按单位体重计算的热量消耗，要比其他动物高。

沙漠中的蜥蜴是一种变温动物，它之所以静止不动，躺在沙里，是为了吸收沙子中的热量，由此而获得活力，然后才能敏捷地去捕捉猎物。此外，减少活动也是沙漠动物减少水分蒸发的好办法。

许多动物之所以偷懒，是为了节约体内十分有限的能量，好把力气用在“刀口上”。蜂群和蚁群中有专职的兵蜂和兵蚁。别看它们平时似乎养尊处优，一旦蜂巢和蚁穴遭到袭击，它们就会奋起抵御外敌。在这里，平时少动是为了节约体内十分有限的能量。

动物可以纹丝不动地趴在一个地方，这又是一种绝妙的护身法宝。生活在中美洲和南美洲热带森林中的树懒，一年四季都待在树上，几乎从不下地。它常利用发达的爪子，把自己倒挂在树干上，一睡就是四五个小时。由于长期不动，树懒身上长满了绿色的地衣和藻类植物，于是，一些食肉猛兽便很难发现它了。

链接：好静少动，事出有因

一些动物学家极力主张，不要用“懒”字来形容动物长时间静止不动的行为。因为它们的好静少动，事出有因，情有可原，这是自然选择的必然结果，是动物适应环境的必要手段。

动物的节能术

蛇的耐饿本领真是惊人。据说，有一条蟒蛇饿了2年9个月才死去。有一位生物学家对我国蛇岛上的蝮蛇进行过研究发现，既不给食又不喂水的蝮蛇，平均能活78天，其中活得最长的可达107天，即使“短命鬼”也活了34天。如果让它们喝些水，那么，耐饿的本领就可提高1倍左右，其中最耐饿的蝮蛇甚至活了392天。

为什么蛇有如此耐饿本领呢？因为它们有一套节约能量的“方法”。人们都知道，一摸到猫、狗和鸡身上，总是感到热乎乎的，可是一摸到蛇的身上，却是冷冰冰的。这是因为前者是恒温动物，后者是变温动物。恒温动物的身体，好像是一只具有恒定温度的炉子。为了保持恒定的体温，就要消耗体内的能源物质。可是，作为变温动物的蛇就省去了这笔“能量开支”。它们一年四季的体温截然不同，即使是同一天中的体温也会随外界温度变化而有较大的变动。所以，它们体内动用的能源物质，远比恒温动物少。拿重量相等的猪和大蟒蛇相比较，如果猪每天消耗150份单位重量的能源物质的话，那么蛇只要1份就够了。在冬眠时，蛇所消耗的能量更是微乎其微，经过长达5个多月的冬眠后，它的体重只不过减轻2%左右。

蛇的皮肤表面摸起来凉凉的 图片作者：Mariluna

与此同时，蛇类吸收营养成分的效率特别高。一口气连吞四五只小白鼠，对蛇来说并不稀奇。有时，它们还能吞食比自己大而且长的食物。一般来说，只要5天左右的时间，蛇就能把吞进肚里的食物消化完，连骨头也消化得精光，只剩下一些兽毛和鸟羽从粪便中排出来。消化

加拉帕戈斯象龟是世界上最长寿的龟，它的寿命可达 200 岁
图片作者：Mfield， Matthew Field

以后，这些营养成分便在蛇的体内贮存起来。正因为在能量的积聚和消耗上能做到“开源节流”，所以蛇的耐饿本领特别高强。

龟是寿命很长的动物。1766 年，法国探险家把一只大龟带到了毛里求斯岛上，1810 年英国军队打败了法国人，占领了该岛，因而接管了这只大龟。它在一个炮兵营地一直活到 1918 年。这只龟是在成年时被捉住的，看来它的寿命至少也有 180 年：龟为什么长寿呢？新陈代谢缓慢，能量消耗较少，是其中的一个重要原因。

骆驼是一种能长时间忍耐干渴的动物，人们把它叫做“沙漠之舟”。有些人认为，骆驼之所以能耐干渴，是因为在它的驼峰里装满了水。其实，驼峰里装的并不是水，而是脂肪。脂肪在氧化产生热量的同时，也产生了水分。骆驼不仅能贮水，而且善于保水。它很少出汗，排尿量也少得可怜。别的动物如果小便不多，不能排出尿素等废物，就会中毒。骆驼却可以通过肝脏，利用尿素制成新的蛋白质。

驼峰里储藏了很多脂肪，在长途跋涉中成了一座移动能量库 图片作者：Jjron

有人曾经做过一次试验，在非洲撒哈拉大沙漠中，把几头骆驼拴在太阳下晒了 8 天，结果它们失去了重量为体重的 1/4 的水分，但血液中的水分却只失去 1/10，血液循环仍然畅通无阻，因而它们仍然能以惊人的毅力，挺立在骄阳之下。

一头成年的骆驼，在长途跋涉时可以比马跑得更快更远，它们还可以驮运连牛也吃不消的重物。在 20 世纪初，澳大利亚曾

大雁南飞时会排成队列 图片作者：Thermos

举行过一次骆驼与马的 180 千米赛跑。结果，马以微弱的优势赢了这场比赛，可是随即便倒毙了。而骆驼经过一夜的休息后，第二天仍以同样速度跑了 180 千米。

近年来，科学家已经发现，骆驼耐渴的奥秘就在血浆中。骆驼的血浆中有一种特殊的蛋白质，可以保持血液中的水分；每当它体内的水分明显损耗时，这种蛋白质仍能维持血液中的水分，保证血液循环的正常进行。科学家把骆驼血浆内的这种蛋白质注射到兔子体内，结果这些兔子在沙漠中断水 7 天，体内水分丧失 30% 之后，仍未死去；而没有注射过这种蛋白质的兔子，失水 10% 就死了。

其实，动物是很会“节约能量”的。大雁南飞的时候，常常排成“人”字或“一”字队形，因为这样比较省力。飞行在前面的大雁拍打几下翅膀，气流就上升了，后面的小雁便可以乘着这股气流滑翔，飞得更轻松更省劲。

动物对能量的利用率也是很高的，在这方面鸟类可算是佼佼者了。哺乳动物每奔跑 1 千米，每 100 克体重大约消耗 2400 焦耳的能量；鸟类每飞行 1 千米，每 100 克体重只消耗 680 焦耳的能量，后者所消耗的能量不到前者的 1/3。

万花筒：金鸻节能有术

有一种金鸻，每年春秋季节往返于阿拉斯加和夏威夷群岛，在海洋上空不吃也不睡，一口气飞 4 000 多千米，体重只减轻 0.06 千克。如果飞机能用这个效率飞行，那就会节省许多燃料。

奇妙的合作

1949年春季的一天，美国加利福尼亚海岸风和日丽，碧波荡漾。年轻的海洋生物学家兰姆布潜入深水以后，看到了一个奇异的场面：一条银灰色的大鱼离开鱼群，向一条金黄色的小鱼快速游去。兰姆布以为，这条小鱼已在劫难逃了。然而，大鱼并没有恶狠狠地向小鱼扑去，而是停在小鱼面前，平静地张开了鱼鳍，一动也不动。那条小鱼见后，便毫不犹豫地迎上前去，紧贴着大鱼的身体，用尖嘴东啄啄西啄啄，好像在吮吸着什么似的。最后，小鱼竟将半截身子钻入大鱼的鳃盖中。几分钟以后，它们便分开了，小鱼潜入海草丛中，大鱼则轻松地去追赶自己的同伴了。

此后，兰姆布多次见到这种情景。看来，这一现象并不是偶然的。经过一番仔细的观察，兰姆布认为，小鱼是“水晶宫”里的“大夫”，它是在为大鱼治病。

正在珊瑚礁上休息的彩女鱼，是名副其实的鱼“大夫”　图片作者：Laszlo Ilyes

燕千鸟 图片作者：Steve Garvie

鱼“大夫”身长只有三四厘米，它的身体色彩艳丽，游动时就像一条飘动的彩带，因而当地人称它“彩女鱼”。鱼“大夫”喜欢在珊瑚礁中或海草丛生的地方游来游去，那是它们开设的“流动医院”。

栖息在珊瑚礁中的各种鱼，一见到彩女鱼就会游过去，把它团团围住。有一次，兰姆布发现，几百条鱼围住了一条彩女鱼。这条彩女鱼时而拱向这一条鱼，时而拱向那一条鱼，用尖嘴在它们身上啄食着什么东西。而这些大鱼则怡然自得地摆出了各种姿势，有的头朝上，有的头向下，也有的侧身横躺，甚至腹部朝天。这里多像一个大病房啊！

兰姆布把这条彩女鱼捉住，剖开它的胃，发现里面装满了各种寄生虫、小虾以及腐烂的鱼皮。这真是一种奇妙的合作：鱼“大夫”用尖嘴为大鱼清除伤口的坏死组织，啄掉鱼鳞、鱼鳍和鱼鳃上的寄生虫，这些脏东西又成了鱼“大夫”的美味佳肴。这种合作对双方都很有好处，生物学上将这种现象称为“共生”。

在大海中，类似彩女鱼那样的鱼“大夫”共有45种，它们都有尖而长的嘴巴和鲜艳的色彩。这些鱼“大夫”的工作效率十分惊人。有人在巴哈马群岛附近发现，那儿的一个鱼“大夫”，在6小时里竟接待了300多条鱼。前来“求医”的大多是雄鱼，这是因为雄鱼好斗，受伤的机会较多；同时雄鱼比雌鱼爱清洁，除去脏东西后，它们便容光焕发，更容易受到雌鱼的“垂青”。

有趣的是，小小的彩女鱼在与凶猛的大鱼打交道时，不但没受到欺侮，还会

鳄鱼张着大嘴，让燕千鸟帮它剔牙

得到保护呢。兰姆布对几百条凶猛的鱼进行了观察，在它们的胃里都没有发现彩女鱼。然而，他却多次看到，这些小鱼进入大鲈鱼张开的口中，去啄食里面的寄生虫。一旦敌害来临，大鲈鱼自身难保时，它便先吐出彩女鱼，不让自己的朋友遭殃，然后再“逃之夭夭”，或冲上前去对付敌害。

凶残的鳄鱼也有自己的合作伙伴。公元前450年，古希腊历史学家希罗多德来到埃及。在奥博斯城的鳄鱼神庙，他发现大理石水池中的鳄鱼，在饱食后常张着大嘴，听凭一种灰色的小鸟在那里啄食剔牙。这位历史学家感到非常惊讶，他在自己的著作中写道：“所有的鸟兽都避开凶残的鳄鱼，只有这种小鸟却能同鳄鱼友好相处，鳄鱼从不伤害这种小鸟，因为它需要小鸟的帮助。鳄鱼离水上岸后，张开大嘴，让这种小鸟飞到它的嘴里去吃水蛭等小动物，这使鳄鱼感到很舒服。”这种灰色的小鸟叫“燕千鸟”，又称“鳄鱼鸟”或“牙签鸟”，它在鳄鱼的“血盆大口”中寻觅水蛭、苍蝇和食物残屑；有时候，燕千鸟干脆在鳄鱼栖居地营巢，好像在为鳄鱼站岗放哨，一有风吹草动，它们便一哄而散，于是鳄鱼也被惊醒，做好战斗准备。正因为这样，鳄鱼和小鸟结下了“深厚的友谊”。

动物的友情

动物之间有“友情”吗？对这个问题，人们进行了长期的争论。生物学家和生态学家对许多动物进行了观察和研究，结果表明，它们确实有“互助友爱”、“扶危救难”的行为。科学家们把动物的这种行为称之为“利他主义”。

为了确保交通安全，世界各国都严格规定：来往行人和车辆各行其道。当然，有的是左行制，有的是右行制。令人奇怪的是，在黄蜂的小天地里，竟然也有类似的“规定”。有人曾经做过一个实验：将一个盒子罩在黄蜂巢的外面，盒子的一面是用玻璃做成的，便于人们观察黄蜂的行动。不多久，实验者就发现，黄蜂虽然进进出出，活动频繁，但秩序井然，从未发生过冲突和骚乱，它们都严格遵守“交通规则”，一律靠左行。实验者又把盒子里的通道缩小，使得通道里只允许两只身上未背东西的黄蜂可以同时通过。这样一来，黄蜂也许会互相碰撞，乱成一团了吧。可是，这种混乱局面始终没有出现。原来，那些空身出巢的黄蜂，把通道主动让给了口叼食物、满载而归的黄蜂，而它们却爬到通道的竖壁上。这样，双行道就成了单行道。

有一种生活在草原上的白尾鹫，彼此之间也常常互相谦让。这种专门吞食动物尸体的鸟类，在发现食物之后，会发出尖锐的呼啸声，把自己的同伴招来一起饱食。吃的时候，它们不是一拥而上，你抢我夺，而是优先照顾长者，让老鹫先饱餐一顿。老鹫吃饱以后，就到附近的高丘上去担任警戒。

每只黄蜂都有自己的使命，它们分工明确，秩序井然
图片作者：Opo Terser

这时，其他白尾鹫才开始聚餐。要是“家”里还有幼鹫，母鹫回去后会把自己在“宴席”上吃到的肉喂到幼鹫嘴里去。

美国斯坦福大学的一位生物学家偶然发现，一头名叫“贝尔”的雌黑猩猩从地上拣起一根小树枝，把上面的树叶子全部摘掉。它想拿这根小树枝干什么呢？经过6个月的观察，这位科学家才揭开了其中的秘密。原来，这头雌黑猩猩是把树枝当作牙签，去给一头雄黑猩猩剔牙。贝尔像牙科医生那样，让自己的“病人”躺下来，而它则跪在“病人”面前，一只手扶着“病人”的头或扒开“病人”的嘴，另一只手拿起“牙签”，认真地给“病人”剔除牙缝中的积垢。

在动物世界中，不光有“牙科医生”，还有“助产士”呢！有一次，在扎伊尔（现民主刚果）的一个驯象站，一位军官看到一头怀孕的母象和另外两头象一起走入树丛。好奇心驱使他悄悄地跟过去看个究竟，只见那头母象站在另外两头象的中间，不断地晃动着身子，看样子是要生小象了。两个小时过去了，旁边的两头象一直尽心地侍候着它。最后，从它的身后露出了小象的半截身体，可是，还有半截身体怎么也下不来。看来，这头母象也遇上了难产。母象显然已经精疲力尽了，这时，一位“助产士”伸出长长的鼻子，绕住小象的身体，终于把这个小生命拉了出来。

蚂蚁王国历来有“助人为乐”的好传统。饥肠辘辘的蚂蚁，可以向吃饱了

贮蜜蚁会齐心协力储存蜜汁，作为群体的粮食储备　图片作者：Greg Hume

的蚂蚁求援，要求施舍。通常，“饱汉子”都会慷慨解囊——吐出一滴滴透明的液汁。如果对“饿汉”的请求置若罔闻，那么这个“小气鬼”就会受到蚁群的严厉惩罚。

有一次，有人看到两只狗闯到一个车辆来往频繁的十字路口。其中一只已年老体衰，眼睛几乎全瞎了，耳朵也聋了；另一只却年轻力壮，耳聪目明。老狗正想过马路的时候，突然小狗用自己的身子挡住了它的去路。怎么啦？目击者还来不及思索，只见一辆高速行驶的小汽车已从它们的身旁一掠而过。倘若小狗不加阻拦，老狗早就一命呜呼了。不多一会儿，小狗又看了看左右，确信附近没有车辆，才让老狗过去，而它自己则始终在旁边护送着。

在南极洲的近岸浅水区，生活着一种底栖鱼，长不足10厘米，身上披着花花绿绿的保护色，这就是南极杜父鱼。每年6月，杜父鱼在找到“对象”后，就精心选定一块扁平的石子作为“新婚夫妇”的“洞房”和“产房”。雌鱼每次产卵400 ~ 1000枚，黏附在石面上，保护“产床”的重任同时也落在了它身上。卵的孵化期长达14 ~ 18个星期，在此期间，雌鱼一直守在“产床”旁，基本上是寸步不离，只有寻食时才稍许离开一会儿。

美国鱼类学家丹尼尔斯发现，雌鱼在保护“产床”时，并不是孤立无援的。有一次，在卵快要被孵化成幼鱼时，丹尼尔斯让雌鱼暂时离开“产床”。不一会儿，一条雄鱼主动接替了护卫“产床”的任务。这难道是一种偶然的现象吗？丹尼尔斯在美国南极帕尔麦考察站附近的一个小海湾里，做了进一步的观察和研究。这里有30条左右杜父鱼，丹尼尔斯一一认识了它们。实验开始了，丹尼尔斯从“产床”上捉走了雌鱼，一条雄鱼立即过来取而代之；又捉走这条雄鱼，第二条雄鱼就来接班；捉走了第二条雄鱼，第三条雄鱼便接踵而至……大有“前仆后继”之势。

人们发现，不仅同一种属的动物之间会彼此帮助，不同种属的动物之间也会互相照顾。在西南非洲，一位律师在途中看到一件奇怪的事：一只小羚羊和一头野牛结伴而行，羚羊在前，野牛在后，每走几步，野牛便哀叫一声，小羚羊也回过头来叫一声，似乎在回答野牛的呼唤；假如小羚羊走得太快了，野牛就高叫一声，小羚羊马上原地立定，等那野牛跟上了再走。好奇心驱使律师走上前去看个究竟，原来野牛的两眼红肿得很厉害，单独行动十分困难，它不得不依靠小羚羊为它带路。

在英国古纳雷斯堡动物园，有一间“友好动物房”。在那里，一只老鼠经常在山羊头上爬来爬去，可山羊却毫不介意，泰然处之；一只白兔经常蹲在乌龟背上休息，它俩感情融洽，形影不离……这些动人的情景吸引了不少游人。

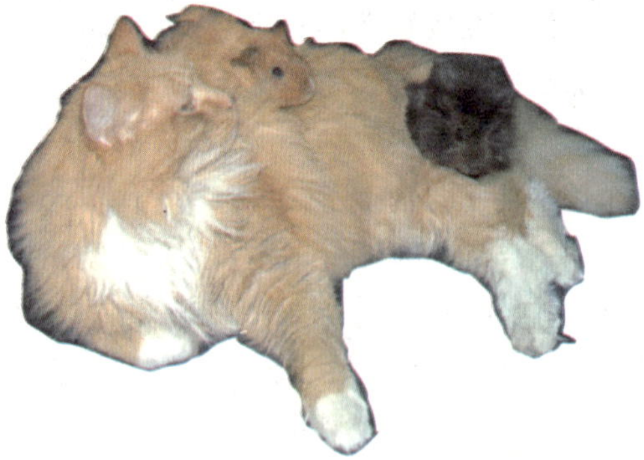
猫鼠一家亲 图片作者：Jennifer Dickert

一个动物园里的小天鹅和小猴竟成了莫逆之交，只因为小天鹅曾经救过小猴的命。小天鹅一旦发出惊叫声，小猴便立即靠近它那毛茸茸的身体，用“手”轻轻地抚摸着，使之平静下来。有一年秋天，小猴突然从笼子里逃了出来，一头钻进动物园的树林里，管理人员四处寻找都毫无结果，只得请小天鹅帮忙。他们先把小天鹅赶出温暖的笼子，小天鹅对此表示抗议．便大声地叫了起来。躲在树林里的小猴立即闻声赶来，救护自己的好朋友。这时，管理人员便把它们一起送回各自的笼子。请看上图，猫和老鼠原本是天敌，然而“世界之大，无奇不有”，这两种动物竟然化“敌”为“友”，成了惺惺相惜的好朋友。

河马见义勇为的事迹，曾使人感动不已。事情是这样的：一个炎热的下午，一群羚羊到河边饮水，突然一只羚羊被凶残的鳄鱼捉住了，它拼命挣扎也无济于事。正在水里闭目养神的河马被惊动了。它立刻像全速前进的炮艇一样，在水面上掀起一阵波浪迅速赶到“出事地点”，不容分说，河马立即“拔刀相助”，与鳄鱼展开激烈的搏斗。鳄鱼见对方来势汹猛，便放开羚羊潜到混浊的水里，逃之夭夭了。这时，河马并没有走开，而是用鼻子把受伤的羚羊往岸边推去，并不停地用舌头舔着羚羊的伤口。遗憾的是，河马的救护稍晚了些，不多久羚羊便因伤势太重，流血过多而死去了。

想一想：怎样来解释动物的互助精神

有的科学家认为，动物的互助精神或利他行为，可能是自然选择的结果。在漫长的进化历程中，一种动物如果没有互助精神，它就很难生存和发展下去。许多人都确信，动物的这类行为已超出了本能的范畴；因此，有些科学家试图从社会学的角度，去研究动物的群体结构和个体行为。

英国动物学家道金斯等人，则从遗传学的角度解释动物的这些行为。他们认为，动物的行为都是在动物遗传基因的控制下进行的，基因是主要的策略制定者，脑子只不过是个执行者而已。近亲多半有着同样的基因，同一种群动物的基因也较为接近，这就是动物群中利他行为普遍存在的原因所在。

飞行的眼睛

有些人常常把鸟的眼睛称做“飞行的眼睛”，这是很有道理的。展翅翱翔于二三千米高空的雄鹰，一眼便能发现地面上的小兔子，并立刻俯冲下去；潜入水中的鸬鹚，能看清快速游动的小鱼，一举将猎物抓获。在所有的动物中，鸟的视力是首屈一指的。

动物学家发现，鸟眼有许多与众不同之处。首先，鸟有一双明亮的眼睛。虽然鸟眼看上去小如豆粒，但实际上它们的眼球是很大的，两只眼球加起来，其重量往往比脑子还重。例如，鸵鸟每只眼球的直径有50毫米，比人两只眼睛加起来还大。

更重要的是，鸟的眼睛非常灵活，它们同时具有望远镜和放大镜的功能，既能望远，又能放大。这是因为连接眼球的肌肉，能很快地将眼球的晶状体拉成扁平状或挤成圆形，就像望远镜和放大镜调节焦距一样，使物体的形象变得十分清晰。有人做过一个实验，把微小的虫卵先后放在离鸟2米和2.5厘米远的地方，结果鸟都能准确无误地啄食到。

鸟类的视力极佳，也是因为它们眼睛视网膜上的视觉细胞特别多的缘故。例如，隼的视网膜中央凹陷处，视觉细胞多达150万个；而人眼同样部位的视觉细胞却只有20万个。难怪隼的视力如此敏锐了。

几十年前，鸟类学家在研究鸟眼的时候，获得了一个意外的发现：鸟眼里面竟有一滴一滴的油。研究人员对鸟眼一一做了检查，发现大部分都有这种油滴，可见油滴并不是外来的。令人感到奇怪的是，这些油滴竟是五颜六色的：有绿色的、黄色的，也有橙色或红色的，

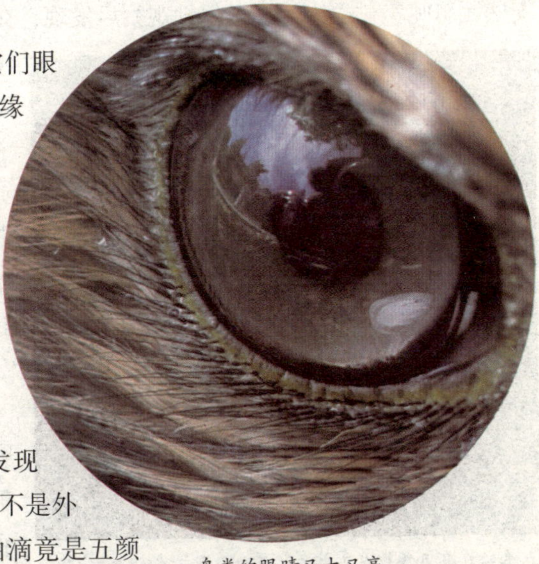

鸟类的眼睛又大又亮
图片作者：Steve Jurvetson

当然，还有无色的。经过一番仔细的比较后，有人分析说：夜间活动的鸟，它们眼睛里的油滴大多是无色的；在水上飞行，需要透过水面看东西的鸟，眼睛里大多是红油滴；生活在水面上，不需要透过水面看东西的鸟，眼睛里的红油滴就不多。那么，这些奇妙的油滴究竟有什么作用呢？鸟类学家发现，鸟眼中油滴的分布很有规律，在视网膜的下半部分黄油滴占优势，而视网膜的上半部分，则主要是红油滴。人们由此得出结论，黄油滴的作用也许是使鸟类对天空中的物体看得更清楚，这就好像我们用照相机拍摄天空时，在镜头上放上黄色滤光片一样。

有时，人们可以看到，许多鸟在明亮的太阳光下，甚至在电弧光下也能照常觅食。这是什么道理呢？原来，在鸟眼下半部有一个梳子状的黑色突起——梳状突。它既不影响视觉，同时又吸收了相当一部分光。这就保护了视网膜，使之免受强光损伤。

鸟眼不仅目光敏锐，而且视野非常广阔。绝大多数鸟的双眼都分别长在头部的左右两侧，因而使它们具有广阔的视野。当鸟类观察正前方时，两眼的视野又会重叠起来，合成一个双视的影像。鸟眼的这一特长，使它们能够毫不费力地看到身体后面、两侧及头顶上的物体，对周围的动静洞若观火。

此外，鸟眼始终保持着极高的警惕性。鸟类是闭上眼睛睡觉的，但人们发现，它们在睡觉时，每隔一段时间会睁开眼睛，窥视一下四周的动静。这是一种似睡非睡的状态，能使鸟类在睡眠中始终保持警惕，免遭飞来横祸。

那么，鸟类在睡觉时，每隔多少时间窥视一次，才既能保证充分休息，又能安然无恙呢？科学家们经过仔细观察后发现，在宁静平安的环境中，野鸭平均每分钟窥视 10 次左右。一旦有猫出现，即便猫是在很远的地方，野鸭的窥视次数也会增加到每分钟 20 次。猫走得越近，野鸭的窥视次数就越多，最多可达每分钟 35 次。如果这时猫继续步步逼近，野鸭就会睁开眼睛，进入清醒状态，密切注视猫的一举一动。

鸟类的双眼通常长在头部左右两侧，使它们视野宽广
图片作者：jjjj56cp

通常，猫每次只能咬走一只野鸭，所以野鸭常成群休息。因为鸭群越大，对每一只野鸭来说，被捕食的机会就越少，也就越安全。令人不可思议的是，它们似乎能够知

火烈鸟在睡觉时，总会有一半大脑保持清醒　图片作者：Fritz Geller-Grimm

道自己所处环境的危险程度有多大。聚在一起睡觉的野鸭越多，它们的窥视次数就越少，这就增加了合眼休息的时间。而在成群睡觉的野鸭中，睡在鸭群边上的野鸭由于受到攻击的可能性较大，因而窥视的次数比睡在鸭群中间的野鸭要多一些。

想一想：为什么繁殖季节雄鸟会增加窥视次数

一个有趣的现象，引起了科学家们的注意：在繁殖季节，雄鸟睡觉时的窥视次数，会明显超过雌鸟。对此，人们提出了三种解释。第一种解释是，那时雄鸟有保护雌鸟的义务，这种解释的根据在于：一旦鸟群中的雌鸟增加了，雄鸟的窥视次数便会随之而增多。第二种解释认为，对有固定配偶的鸟类来说，雄鸟增加窥视次数，主要是防止配偶与其他雄鸟交配。最后一种解释是，一到繁殖季节，雄鸟的羽毛会变得格外鲜艳，这样可以吸引雌鸟前来交配，但也容易引起肉食性动物的注意。因而，这时的雄鸟有必要增加窥视次数，以免发生意外。

神奇的眼睛

“眼观六路，耳听八方”。眼睛是动物了解周围大千世界，进行捕食和躲避敌害的重要感觉器官。科学家们发现，动物的眼睛都各具特色。

在生物界中，人眼可算最高级了，只要对周围物体看上一眼，就能确定物体的形状、大小和距离了。可是，人眼也有不足之处。比如，人眼能观看的角度（也就是视角）太小；上下左右能看到的范围（也就是视场）很小。如果以看得见的标准来计算，人眼的视角约为150°；但是按看得清楚的标准来计算，视角就只有5°左右了。正因为这样，人为了扩大视野范围，就得骨碌碌地转动眼球，左右顾盼，有时还得转动一下头部。

用鱼眼镜头拍出的景物　图片作者：D. Essl

海豹的眼睛能在水中看到其他动物的一举一动
图片作者：Changehali

在这方面，鱼眼就得天独厚了。在所有的动物中，它们眼睛的视角最大，有的大到160°～170°，甚至还有更大的。人们还模仿鱼眼制成了一种视角为180°的超广角镜。使用这种镜头拍照，能使整个空间的物像，一下子都“尽收眼底”，投射到小小的一张底片上。这时的图像就像鱼眼看到的那样，变成了圆形。

海豹在水中洞察目标的本领是很大的。它在清澈的水中虽谈不上明察秋毫，但也能一眼就认出只有5克重的小鱼。即便在比较混浊的水中或幽暗的水下，海豹也能看到极小的鱼类。到了陆地上，这种动物同样也能准确无误地发现敌害。为什么海豹具有水陆两用的眼睛呢？为什么它的眼睛既能在水中看清极小的目标，又能在陆地上准确无误地分辨敌害呢？这是因为在海豹的捕食、定向和其他活动中，眼睛有着举足轻重的作用。长期在海中和陆上生活，使它的眼睛发生了适应环境的变异。海豹的眼睛大而有神，晶状体很大，近似球形，便于接收大量的光线。海豹眼睛的外层有透明的瞬膜，既能保护眼睛，又可提高视力。它的视网膜还有褶皱，使眼球的容积能随水压的变化而改变，有利于在深水中看清其他动物的行踪。此外，海豹视网膜上的感光细胞很多，使它在陆地上也能有较好的视力。

不过，与陆地上的高等动物相比，海豹的陆上视力毕竟要差一些。因而有人说，海豹的眼睛在水中是“正视眼”，而在陆上是“近视眼”，这是很有道理的。因为海豹在陆地上的活动主要是休息或产仔，对视力的要求不是太高；而在水里就不一样了，因为寻觅和追捕鱼类，对视力的要求很高，所以它的眼睛结构主要是适应水中的活动。

青蛙是捕捉昆虫的能手，它的眼睛十分奇特：对运动的物体几乎能“明察秋毫”，然而对静止不动的东西，它却“视而不见”。苍蝇即使与青蛙并排站着，也不会引起青蛙的注意。但只要苍蝇一动弹，立刻就会成为青蛙的口中之物。

猫和兔子是人们非常熟悉的动物。近年来，生物学家发现，这两种动物的眼睛在视觉上有较大的差异：猫眼对从视野中心向边缘移动的物体特别敏感，而兔眼却对从视野边缘向中心移动的物体十分敏感。

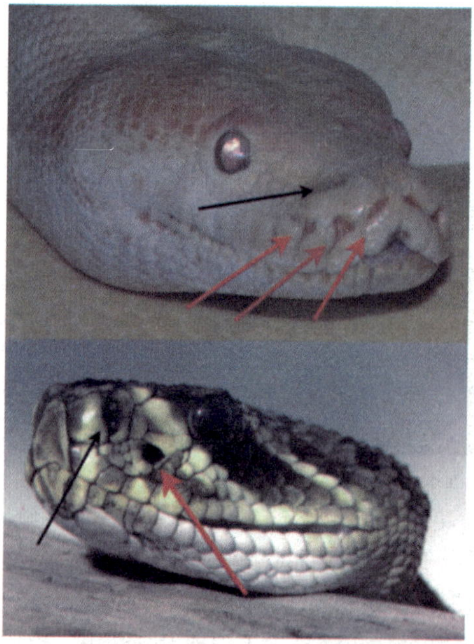
蛇头上的颊窝
图片作者：Serpent Nirvana

如何解释这一有趣的现象呢？起初，一些生物学家感到无从下手。后来，他们根据动物的生活习性、行为与生存环境进行分析，最终解开了这一谜团。原来，猫主要以捕鼠为生。对于它来说，重要的是不能让已发现的食物溜掉，否则就只能饿肚子。为此，猫特别注意从视野中心向边缘移动的物体。猫眼的特征是由猫追踪老鼠的本能决定的，具有重要的生物学意义。而兔子是草食性动物，食物是不会溜掉的。对于这种弱小的动物来说，抵御猛兽的袭击是至关重要的。因此它时刻关注着进入视野的物体，一旦发现敌情，就赶快溜之大吉。

“一朝被蛇咬，十年怕井绳。”人们为什么如此惧怕毒蛇呢？这不光是因为它动作神速，还由于它感觉灵敏，即使在漆黑的夜晚，也能发现目标，发起攻击。那么蛇的一双眼睛就特别好吗？不是，它的视力并不是特别好，只是它拥有一种能看见红外线（也就是热线）的“眼睛”，这就是热定位器。这种热定位器就长在眼睛和鼻孔之间叫做颊窝的地方，人们又将它称为“第三眼”。因为每一个动物都会发出红外线，因而依靠这“第三眼”，蛇就能寻找和辨别活体目标了。而人对于这种红外线，却是“视而不见”的。

对红外线最敏感的，莫过于热带地区的响尾蛇了。即使 0.001℃的温度变化，也会使它的神经变得兴奋起来，并能够在夜幕笼罩下清楚地知道，别的动物究竟在何处。正因为响尾蛇具备了热定位器，所以在伸手不见五指的情况下，也能百发百中地捕获猎物。

除了蛇之外，许多昆虫的眼睛还有另外一个功能，它们能清楚地看见紫外线。在夜间的田野上，人们经常可以看到“黑光灯”在诱杀害虫，这种灯能发出紫外线，吸引害虫前来“自投罗网”。但是，人眼是看不见紫外线的，正因为这一点，对紫外线以及昆虫“紫外眼”的研究在军事上显示出了重要的意义。

动物的顺风耳

生活在沿海的渔民都知道，如果鸟类成群地从海上飞回海岸，生活在近岸水域中的小虾纷纷靠岸，鱼和水母成批地游向大海，那就预示着风暴将要来临。

在浩瀚的大海上，当风暴来临的时候，呈现在人们面前的是这样一番惊心动魄的情景：狂风怒吼，大海咆哮，波涛涌起，浪花飞溅，那惊涛骇浪如千军万马，顷刻之间呼啸而来……但是人们往往没有想到，在这雄伟的“交响乐”中，还有一种人耳感觉不到的声音，这就是次声波。这种由空气和波浪摩擦而产生的次声波（频率为每秒 8 ~ 13 次），以比暴风和波浪更快的速度传播开来，它像一个尽职尽责的哨兵，总是用最快的速度告诉所有能听到次声波的海洋生物：风暴即将到来。

水母是能听到这种次声波的海洋生物之一。科学家曾经对水母做过研究：水母的外形很像一把撑开来的伞；伞缘有许多触手，还有一个细柄，上面长着小球，这就是水母的耳朵。水母耳朵的内部有个极小的听石。当次声波冲击听石时，也就刺激了球壁上的神经，于是水母便“听”到了次声波。鱼类通过类似的耳石，也能“听”到次声波。一旦鱼类接收到了暴风预报信息后，它们便开始行动起来：离开海岸，游向大海，以免被暴风激起的巨浪砸碎。

水母能够“听”到风暴逼近所发出的次声波
图片作者：Sanjay Acharya

猫头鹰是在漆黑的夜晚捕捉老鼠的。有人

猫头鹰在白天视力很差
图片作者：Athene-noctua

猜测，也许这是因为它的眼睛能看见我们人所看不到的红外线。可是大量的实验都否定了这一观点。

白天，猫头鹰的眼睛像瞎了似的，到了夜间却变得炯炯有神，这是什么原因呢？原来，高等动物的眼球内部有一种视网膜，视网膜上有两种感光细胞：一种叫视锥细胞，可以感受强光，白天看东西，主要是这种细胞发生作用；另一种叫视杆细胞，能感受弱光，黄昏和夜间看东西，主要是它在起作用。人眼的视网膜上，主要是视锥细胞，而猫头鹰却正好相反，它的眼睛的视网膜上主要是视杆细胞。因此，猫头鹰对弱光的感觉特别灵敏，在漆黑的深夜也能看见东西。

但是，实验表明，猫头鹰在黑夜中发现和捕食老鼠，更主要的是依靠耳朵的听觉。研究者在一片黑暗中，拉动绑在绳子上的叶子，很快就被猫头鹰发现了，结果它立刻就找到了那片叶子。如果让扬声器发出已录制好的老鼠的“沙沙”声，猫头鹰也会循声而来，

“夜行侠”蝙蝠

并发起攻击。

猫头鹰的耳朵是不大容易找到的，因为它没有外耳，而且两只耳朵一高一低，在头部的位置是不对称的。也许正因为它的耳朵长得奇特，猫头鹰才有敏锐的听觉。

猫头鹰的每一只耳朵，都只对一定区域的声音最敏感。例如，当老鼠在一处“吱吱”叫时，位置较高的耳朵听到了声音，而另一只耳朵对此却并不敏感，这时猫头鹰就会将头略为抬高一些，使这只耳朵对“吱吱”声也同样敏感，然后，就朝向目标——老鼠俯冲而下。如果老鼠是在低处“吱吱”叫，那么位置较低的耳朵首先听到了声音，另一只耳朵对这声音并不敏感，此时，猫头鹰就会将头放低一些。两只耳朵位置的不对称，对猫头鹰发现老鼠是很有好处的，因为这样一来，它的听觉范围便扩大了，在茫茫黑夜中就比较容易寻找和发现目标。

蝙蝠是昼伏夜出的动物。无论在苍茫的暮色中，还是在黑暗的岩洞里，它都能飞行自如，从不会撞到什么东西上。苍蝇和蚊子遇上它，如不赶快逃命，是很难生还的。

这是因为蝙蝠在夜间有特别敏锐的视觉吗？不是的。18 世纪 90 年代，意大利生物学家拉·斯帕兰扎尼曾经做过一个实验：在一间房子里挂了很多绳子，绳子上系着许多小铃铛，他把蝙蝠的眼睛蒙起来，然后让它在这间房子里飞行；结果，蝙蝠飞行了几个小时，却一次也没碰到过绳子和小铃铛。

那么，黑夜里蝙蝠能明察秋毫的奥秘究竟在哪里呢？瑞士科学家尤里尼设计了另一个实验：他用蜡塞住蝙蝠的耳朵，这下子蝙蝠真的是黔驴技穷了，飞行中多次碰到绳子，搞得小铃铛叮当作响。后来，有人又做了一个实验，把蝙蝠的嘴堵住后让它飞行，结果它像喝醉了酒一样，往障碍物上乱撞一气。

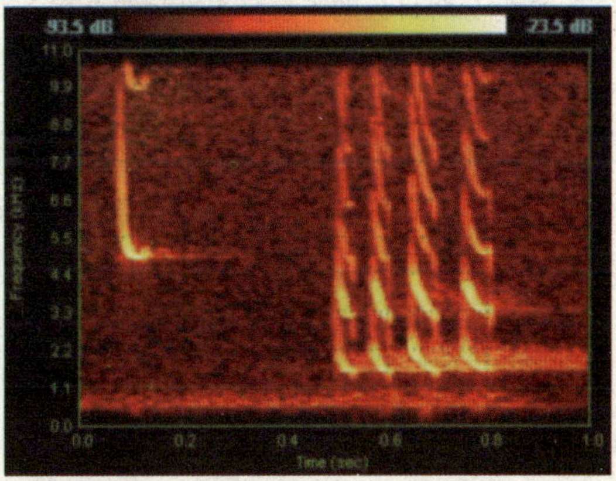

蝙蝠靠近猎物时发出的声谱图
图片作者：Spyrogumas

由此看来，蝙蝠是用耳朵引导飞行的，在导航时它的嘴巴也起着重要作用。

经过一系列实验，人们终于搞清楚了。原来，蝙蝠的喉咙里能发出一种人听不见的超声波，这是蝙蝠通过嘴巴和鼻孔向外发出来的；当遇到物体时，这种超声波便被反射回来；蝙蝠的耳朵听到回声后，经过大脑的分析，就能判别物体的大小、形状和距离，区分这是食物还是障碍物。科学家把这种根据回声探测物体的方法，称为“回声定位”法。

蝙蝠的回声定位技术是相当高超的。在1秒钟内，它们能捕捉和分辨250组（超声波往返一次算1组）回声，同时发出相同数目的超声波。蝙蝠能发现用0.1毫米粗的线织成的网，并根据网眼的大小，刹那间收起翅膀，顺利地飞过去。它们的分辨能力是令人赞叹的，无论是昆虫反射出来的回声信号，还是地面、树木的回声信号，它们都能一一分辨出来，并同时探测到几个目标的形貌和位置。要知道，这些回声是微乎其微的，即使用极灵敏的人造微音器也很难收听到。例如，在热带有一种专吃鱼的蝙蝠，叫食鱼蝠，它们从水面飞掠而过时，会向水里发射超声波，当食鱼蝠的耳朵接收到从鱼体反射回来的回声时，超声波的能量已经损失掉99.9%，声强也只有原来的百万分之一了。尽管如此，食鱼蝠仍能听到回声，并迅速降落到水面上，将爪伸入水中把鱼抓出来。人们发现，食鱼蝠的耳朵还是一个共振器，能将极弱的回声信号增强。它的耳廓也能活动，以便在回声最强的方向上收集信号。

蝙蝠的抗干扰能力也特别强。它可以同时探测几个目标，即使人为地去进行干扰，甚至制造出比蝙蝠发出的超声波要强100~200倍的噪声，它仍能有条不紊地探测四周的目标。有时，成千上万只蝙蝠同住在一个岩洞里，它们在晚出早归时常会聚在一起，同时发出超声波。按理说，成千上万只蝙蝠同时发出的声音定是震耳欲聋，可能会令蝙蝠自己也辨不清东西南北了。而事实上，它们却能做到各行其是，互不干扰。

海豚和蝙蝠一样，也是用超声波定位的。所不同的是，海豚没有声带，不能靠嘴发声，它的超声波发生器位于头部，发出的超声波碰到物体后，产生的回波是由耳朵及头部的某一部位接收的。

海豚分辨目标的本领是很高超的：在3千米外，海豚就能分辨出在水中游动的是它爱吃的石首鱼还是它厌恶的鲻鱼。正像我们看过的海豚表演所演示的那样，即使是被蒙住了眼睛的海豚，也能在迷宫中避开障碍物，自由自在地游来游去，并准确无误地区分两个镍钢球：一个直径为5.2厘米，另一个为6.1厘米。有人做过一个实验，在一张网上有两个门，轮流开关，门是用透明的塑料板遮起来的，关着时也好像开着一样，让海豚进入网中，它从来也不会走错门。如果在水中放了两条鱼，一条在水里，一条用玻璃板隔开来，结果，每次海豚都抓到了水中的鱼，而绝不会撞在玻璃板上。

长鼻巨兽

亚洲象　图片作者：Yathin S.Krishnappa

大象是陆地上最大的动物。它的躯体像一堵柔软的墙，四条腿像柱子，两个大耳朵像蒲扇，从嘴里伸出来的大象牙犹如树枝，可以碰到地面的长鼻子宛如粗大的蟒蛇。它威武雄壮，力大无比，连虎、豹等猛兽见了，也不敢轻易进犯。

世界上有两种象：一种叫非洲象；另一种叫亚洲象。很多南亚和东南亚国家，如印度、巴基斯坦、孟加拉国、斯里兰卡、马来西亚、泰国、缅甸、越南、老挝、柬埔寨等都有亚洲象。现在，我国只有云南西双版纳以及中缅边境的滇西地区的密林中，还有野生的亚洲象群生活着。据20世纪70年代的调查，我国境内的野象只有146头。

小资料：亚洲象与非洲象

粗看起来，亚洲象的外形似乎与非洲象差不多。其实，只要仔细观察一番，就可以发现它们之间有着许多差别：非洲象的身材比亚洲象高大，前者身高3.5米左右，后者只有3.2米高；亚洲象的耳朵比较小，而非洲象的耳朵却特别大；亚洲象的前脚有5个脚趾，后脚有4个脚趾，非洲象的后脚只有3个脚趾；亚洲象的鼻尖只有一个指状突起，非洲象的鼻尖有两个手指状的突起；亚洲象只有雄的才有象牙，非洲象无论雌雄都有发达的象牙。

大象的鼻子是最引人注目的，它比扁担还长，有消防水管那么粗。世界上有4800多种哺乳动物，谁的鼻子也比不上它。

大象用鼻子吸水洗澡
图片作者：Thomas Breuer

象鼻既是呼吸器官，也是嗅觉器官。大象的嗅觉十分灵敏。如果顺风，它可以闻到几十米甚至1千米以外的异常气味，如果发现有危险，它马上就闻风而逃。象鼻子还能代替嘴唇、舌头尝味道，因此它又是味觉器官。

象鼻由4万条肌肉组成，能起“手”的作用。象可以把鼻子伸到树上摘树叶、果实，从地上卷起青草、芦苇，送进嘴巴里。象鼻子粗壮发达，力大无穷，轻轻一卷，就能把一棵大树连根拔起。象鼻子可以说是“刚柔相济”，它尖端的指状突起感觉非常灵敏，可以从地上拾起一分钱的硬币，或者一根绣花针。

象鼻又是大象的探测器和武器。大象常把鼻子当拐杖来探路。碰到“敌人”，它就甩鼻子，这一甩十分厉害，有时竟能一下子打断对方的几根肋骨。它还能用长鼻子卷起“敌人”，比如卷起一条鳄鱼，甩出去，再用脚踩死它。

象鼻又是大象的“吸水管”和“喷水管”。一铅桶的水，它“呼噜”一声，就可以吸个精光。夏天，大象常常用鼻子吸足了水，喷在身上，痛痛快快地洗个澡。洗完了澡，它还会用鼻子吸些沙土，喷在身上。也许有人认为，这是大象在调皮捣蛋，其实，将沙土黏在皮肤上，是为了防止蚊、虻螫咬。

在野外，大象是成群生活的。它们常常三四十头结成小群，有时200多头生活在一起。每个象群都有一个首领，通常由富有经验的老年雄象担任。集体行动时，首领走在队伍的前面，负责探路，成年雌象往往走在最后压阵。象群常一边走，一边吃着路边的树叶和嫩枝。

大象很爱活动，即使站在那里也不安分守己，它会不停地摇头晃脑，前后摆动。如果它突然一反常态不怎么活动了，长鼻子无精打采地拖在地上，小尾巴耷拉着，细眼睛半睁着，就说明这头大象身体不太舒服了。

象群　图片作者：Amoghavarsha

大象睡得很少，一天几乎不超过4小时。大象几乎是站着睡觉的，这时它会4条腿伸直，长鼻弯曲，象牙拄在地上。这是因为大象的躯体笨重，躺倒了再爬起来，容易遭到敌人的袭击。当然，大象也不是永远站着睡的。动物园里十分安全，有时候大象便会趴下睡觉了。

大象是人类的好帮手　图片作者：Rhaessner

大象经过驯养以后，会表演各种节目。它们排着队走上舞台，高举鼻子向观众致敬。两头大象用鼻子抓起一根绳子甩动，让一头小象在中间跳绳。大象还会表演拾东西：地面上放着塑料盘子、汽水瓶和香蕉等，只听一声哨子响，几头大象你追我赶，把拾到的东西用鼻子交给骑在背上的驯象师；它们还会偷偷地把拾到的香蕉放进了自己的嘴里。

最有趣的，要数大象的足球比赛了。几头大象分成两队，各有前锋、后卫和守门员。比赛一开始，双方便摆开阵势，展开激烈的争夺：后卫用大脚传球，前锋带球射门，守门员忠实地守卫在30米宽的球门前，寸步不离。

大象是一种聪明的动物，它可以帮助人们种地和搬运木材。在我国古代的历史书上，还记载着用象打仗的故事：春秋时期，吴国同楚国作战，一直打到了楚国京都。楚王无奈之下，弄来了一群象，在象鼻子上系上尖刀，尾巴上绑着火把，然后让象群列队出阵。人们将火把点燃后，心慌意乱的大象便拼命猛冲、乱闯，最后终于把吴国军队赶跑了。

大象还是称职的“保姆”。它能细心照料自己的孩子，不让它们磕痛、碰伤，更不会让它们被野兽或坏人欺侮。

你知道吗？动物王国的“儒将”

不难看出，长鼻巨兽大象算得上是动物世界中的“儒将”，它既有粗犷勇猛的一面，又有聪明温顺的一面。套用一句古人赞扬儒将的话，大象是“武能打仗，文能绣花”。

跳跃能手

美国作家马克·吐温曾经写过一篇小说《卡拉维拉斯县著名的跳蛙》。这篇小说的主人公是赌徒斯迈勒和他训练出来的一只跳蛙。这是一只训练有素的青蛙，它蹦得高，跳得远，捕猎飞蝇时百发百中。斯迈勒想用它来发一笔横财。一天，他兴致勃勃地带着跳蛙进城，与人打赌，说这蛙比其他蛙都跳得远。到头来他却输得一干二净，因为对方略施小计，给斯迈勒的跳蛙灌了一肚子铅丸，使它沉甸甸地无法动弹。

为了纪念马克·吐温的这篇小说，美国每年都要在小说中故事的发生地——加利福尼亚州卡拉维拉斯县举行一次赛蛙大会，每次都有2000~3000只蛙参加。在南非的开普敦，每年还举行青蛙奥林匹克运动会。据报道，蛙的跳远纪录已接近6米。

蛙不愧为大自然的跳跃能手。通常，它们能跳20多厘米高，约为体长的3倍；可跳1米多远，是体长的12倍左右。一般说来，蛙是跳起来捕食的：它双眼紧闭，腾身跃起，像离弦的箭一样，向猎物扑去。在捕食前的一刹那，蛙才睁开眼睛，向前伸“手”弹舌。整个捕食动作只要0.3秒钟，而且几乎十拿九稳。颇为有趣的是，如果在蛙刚要起跳捕食前，把食物移开，它仍然会按部就班地完成捕食动作：猛扑、吞食、清嘴，尽管它什么也没吃到。

蛙是动物世界有名的跳跃能手
图片作者：Christian R. Linder

在动物世界中，袋鼠也是有名的跳跃能手。1770年7月，英国航海家詹姆斯·库克在澳大利亚东海岸，发现4只像猎犬那么大的野兽。它们不像一般的野兽那样用4

袋鼠一跃可达几米高 图片作者：Pan B.Kat

条腿跑，而是用两条后腿跳跃前进。这就是袋鼠。库克让猎犬去追赶这些袋鼠，可是它们很快就跳进长得很高的草丛里，一阵风似的跑掉了。袋鼠的后腿强壮有力，往往一跳就有 5 米远、3 米高，每小时可以跑 40~50 千米。

实际上，动物界真正的跳跃冠军并不是蛙和袋鼠，而是令人厌恶的跳蚤。

当你站在阴湿、肮脏的地方时，常会遭到跳蚤的突然袭击：它神不知、鬼不觉地跳到你的身上，用针状口器吮吸你的血液，使伤口发痒和肿胀；当你有所察觉，伸手去拍打的时候，它却三蹦两跳不知去向了。

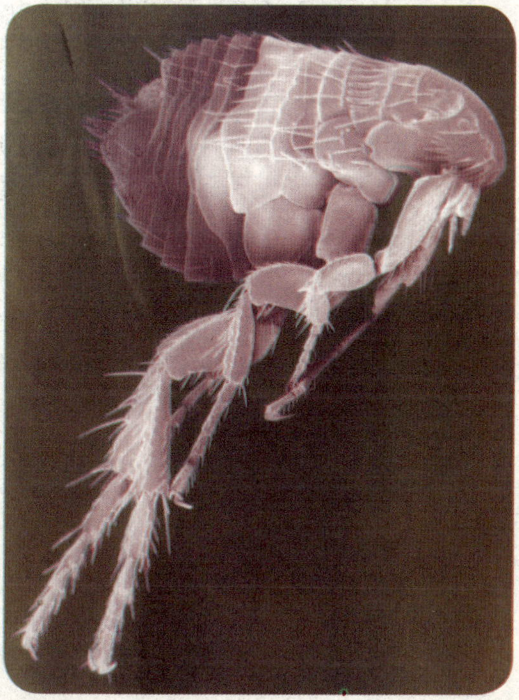

电子显微镜拍摄到的跳蚤形态

这种昆虫又扁又小，而且特别善于跳跃。跳蚤在起跳时，犹如离膛的子弹，“嗖”地一下就无影无踪了。即使用现代电影摄影机，也只能拍出它跳跃时模糊的身影。昆虫学家发现，跳蚤那 3 对带毛的长腿，有着特殊的弹跳能力。有人曾做过一番观察和研究，跳蚤的身长只有 0.5 ~ 3 毫米，体重仅 200 毫克左右，可是往上跳的高度却可达

35 厘米，也就是说，它能跳的高度是它身长的 100 多倍。更令人吃惊的是，跳蚤每 4 秒钟跳 1 次，可以连续不断地跳 78 小时，垂直起跳所用的力竟是它自身重量的 140 倍。

有位科学家做了一个有趣的实验：让一只跳蚤跳跃 5 次后再次起跳，可是不让它腿落地，而是让头部或背部落地，跳的时候还为它设置了种种障碍。结果，跳蚤仍像原来那样跳跃不止，虽然它的头部或背部撞在障碍物上“呯呯”作响，可是到头来科学家却并未发现这只跳蚤得了“脑震荡”或内脏破裂。

为什么跳蚤具有这种特殊的本领呢？原来，它的“骨骼”与众不同：骨架是由柔软无色的几丁质组成的，外面包着一层褐色的膜。此外，这种动物呈弓形，它的身体特别扁，侧面抵抗力很大，人用手指很难把它掐死。但是，光靠特殊的骨架和体形并不能够保证内脏不被震碎。

跳蚤究竟还有什么特别的地方呢？纵观跳蚤的全身可以发现，它的体内没有血管，或者说整个身体就像一根血管。跳蚤的体内充满了血液，这是一种含有氨基酸、蛋白质、脂肪和无机盐的营养液，它的体内器官就浸在这种营养液中。跳蚤的心脏像一串佛珠，它以一定的节奏搏动着，把血液送往全身。血液不仅为内脏提供了养分，而且能对震动和撞击起缓冲作用。即使跳蚤的骨架撞到了什么东西，它的内脏也不会因此而损伤。跳蚤的全身分布着许多气管，因而身体各处都能得到足够的氧气。除此之外，跳蚤心脏的搏动节奏，几乎与身体跳跃的频率无关。所以，它即使连续跳几十次，心跳也不会加快，更不会变得“气喘吁吁”。

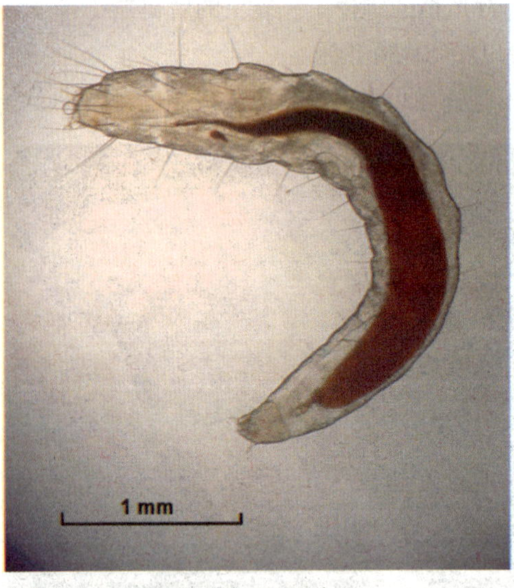

跳蚤幼虫，它的体内只有一根血管
图片作者：Kalumet

无足而行

地球上最早出现的蛇是有脚的，后来在进化过程中，脚逐渐退化消失了。因而，我们今天看到的蛇，几乎都是没有脚的。在蟒蛇等蛇的肛门两侧，还留有一对棒状的后肢遗痕，这就充分证明蛇原来是有脚的。

我们今天所见到的没有脚的蛇又是怎样爬行的呢？要知道，蛇的整个身体都是运动器官。蛇身虽长，但很灵活，这是因为它的脊椎骨有 100 ~ 400 块，而哺乳动物一般只有 16 块左右。更重要的是，蛇脊椎骨之间的连接方式与众不同，相邻脊椎骨可以上下、左右弯曲。

你见过坦克和履带拖拉机吧，它们都是依靠轮子底部那些滚动着的履带威武雄壮地向前推进的。而坦克的“祖师爷”正是蛇。你看，蛇的腹部有许多宽大的鳞片，这不正是坦克行进时用的“脚”——履带吗！身体粗大的蛇，如蟒蛇等，往往像坦克那样直线前进。有些蛇在悄悄逼近猎物或通过平坦地面时，也用这种方式运动。蛇没有胸骨，它的肋骨可以前后自由活动。当肋骨上的肌肉收缩时，肋骨就会向前移动，带动鳞片前移，但这时只是鳞片动而蛇身不动；紧接着，肋骨上的肌肉放松，鳞片的尖端像脚一样，踩住了粗糙不平的地面或树干等其他物体，靠反作用

真足蛇生活在白垩纪晚期　图片作者：Didier Descouens

真足蛇化石细部，可以看到它的脚
图片作者：Didier Descouens

力把蛇身推向前方。

有时候，蛇是依靠伸缩运动前进的。在休息的时候，有些蛇往往盘绕成“S”形。当开始运动时，它们就会先把尾部固定住，头和颈部向前伸展，然后再用颈部“抓住”地面，身体的前半部分盘旋起来，这时尾部被收缩过去。就这样一伸一缩，蛇便前进了。这种伸缩交替的运动方式，很像手风琴的一张一合，因此有人又把它称为“手风琴伸缩运动”。这种运动方式，特别适宜于蛇在难以展身的羊肠小道上行走。许多鼠蛇也用这种方法爬树，这时它们把树皮中的凹凸不平之处，当作可供利用的通道。

所有的蛇都能蜿蜒前进。向前爬行的时候，蛇的前半部分肌肉先开始收缩，然后以波动方式向后方传去，使蛇弯曲成波浪形。这时，弯曲处的后面与沿途的小石子、草丛等接触，蛇就依靠这些物体的反作用力向前运动。这种运动方式适用于

海蛇在水中拨水前进 图片作者：Jon Hanson

身体细长的蛇。

有些蛇会用蟹步横行。用这种方式行进时，蛇俨然成了横行将军——螃蟹的架势。运动时，蛇头、身体尾部以及躯干的一部分接触地面，其余部分都悬空着，其实是做侧向运动。对于生活在沙漠地区的蛇来说，这种运动方式有很大的优越性：蛇向前推进时，沙子被向后推压而堆积起来，这样可以防止蛇的滑动，还能增加向前的推动力。

生活在沙漠中的响尾蛇，能用蟹步横行
图片作者：Tigerhawkvok

在人们的印象中，蛇似乎是爬得很快的，所以有“蜈蚣百足，行不如蛇”的说法。其实，大多数蛇每小时只能爬 4 千米左右，与人步行的速度差不多。当然，也有爬得比较快的，像身体细长的花条蛇，每小时能爬 10 ~ 15 千米。爬得最快的恐怕要算非洲一种叫“曼巴”的毒蛇了，每小时可前进 15 ~ 24 千米。可是它们只能在短时间内快速爬行，并不能长时间以这种速度前进。因而即使在路上遇到了这种毒蛇，人也应该是来得及避开的。

人们之所以会感到蛇跑得很快，是由于一刹那间它的爬行速度确实比较快的缘故。加上蛇多半在荆棘和草莽丛中活动，而这些地方人是很难行走的。当人发现蛇时，由于恐惧和紧张，行动会变得非常笨拙，可是蛇却正好发挥自己的优势，特别是在斜坡上，它能顺势往下滑，使人感到它果真迅疾如飞了。

小资料：画蛇添足的故事

我国古代有个寓言故事，叫“画蛇添足”。这个故事是说，在人多酒少不够分的情况下，有人提议每人画一条蛇，谁画得快就把酒喝了。第一个画好的人端起了酒壶，一看别人还没画完，便得意地说：“我还能给它添几只脚呢！”谁知这蛇足还没添完，酒壶却被第二个画完蛇的人夺走了，并且那人还振振有词：“蛇本来就没有脚，你凭什么硬给添上？”结果，那画蛇添足的人弄巧成拙，竟连一口酒也没喝上。

动物识途

大雁南来北往，燕子秋去春回。随着季节的变化，候鸟在一年中总要搬上两次家，这就是“迁徙”。例如，有一种小鸟叫“短尾海鸥”，每年4月离开大洋洲南部的产卵地，飞过印度尼西亚、菲律宾、中国台湾、日本，以及阿留申群岛和美洲西部海岸地区，在太平洋上兜一个大圈子；每年9月，便又千里迢迢地飞回产卵地。又如，一种身长35厘米左右的极燕鸥，在北极营巢而在南极越冬，每年来回飞行4万多千米，照样能准确地飞抵越冬地和营巢地。

在漫长的旅途中，鸟类是靠什么来导航的呢？有人解释说，这是因为它们记住了沿途的高山、森林、大海和村庄。不过，要将万里行程中的景物一一记住，显然是不可能的。于是，人们就自然而然地把解决这一问题的希望，转向了天空。

碧空如洗，阳光普照，鸟类能不能按照太阳的方位来定向呢？深秋时节，科学家用椋鸟做了一个实验。他们在露天的环境中建造了一座中心对称的六角亭，每壁都开设一个窗户。他们先把椋鸟放在一个玻璃底的圆柱形铁丝笼中，然后将这铁丝笼放进六角亭里。人就躺在亭下一间专门的房间里，透过玻璃底观察椋鸟的行为。当阳光照进亭子时，椋鸟便毫不犹豫地把头转向平常的迁徙方向，振翅飞翔。如果你用镜子将阳光折转90°，这时椋鸟的飞行方向也会来一个90°转弯。看来，椋鸟的确是按照太阳的方位定向的。当乌云遮住了太阳，椋鸟可能会暂时迷失方向；一旦太阳重新露脸，椋鸟便很快地又拨正了航向。

中型鸣禽椋鸟
图片作者：Christophe Eyquem

然而，多数鸟类是在夜间迁徙飞行的。那么，在夕阳西下、夜幕降临的时候，候鸟又是按照什么来定向的呢？实验表明，璀璨的群星是鸟类夜间飞行的“定位仪”。

北欧有一种善于唱歌的小鸟，叫白喉莺。每年秋风骤起的时候，它们便踏上征途：经过巴尔干半岛，飞越地中海，到尼

夕阳下的迁徙

罗河上游地区越冬。科学家把白喉莺放进天象馆，并把它放在人造星空的下面。当天象馆的圆顶上映现出北欧特有的秋季夜空时，站在笼子里的白喉莺便把头转向东南，也就是以往在秋天飞行的方向。人造星空上星星的排列，像万花筒似地不断变幻着，白喉莺觉得自己正在沿着熟悉的迁徙路线“飞行”着。当天象馆圆顶上出现希腊南方的夜空时，它转向南方；而当天象变成北非的夜空时，它便径直向南“飞行”。虽然白喉莺仍在原地，既没有在海洋上空飞行，也没有在森林上空翱翔，但是它在笼中的表现，就好像它确实经历了一番旅行，已顺利地到达了越冬地点似的。由此看来，夜间鸟类是根据星星的排列来确定自己的方位和飞行方向的。

鸽子也有着惊人的导航能力。据记载，1935 年，有一只鸽子整整飞了 8 天，绕过半个地球，从当时的越南西贡（现为胡志明市）风尘仆仆地飞回了法国，全程达 11265 千米。

鸽子是怎样认得归家之路的呢？大家知道，地球是一个硕大无比的大磁体。有些科学家认为，鸽子之所以远在万里之外，依然能重归故里，是因为它们不但能靠太阳指路，而且还能根据地球磁场确定飞行的方向，特别是在乌云蔽日或大雾笼罩的天气里。

为了证明这种见解，科学家给鸽子戴上了黑色的“墨镜”，使它看不到太阳，也看不到地面上的物体。结果，放飞后的鸽子仍然按照正确的方向，飞回了鸽房。但是如果在鸽子的颈部安上一个带磁性的金属圈，或者将一根小磁棒缚在鸽子的身上，那么在阴天放飞后，它便一去不复返，再也回不了家了。显然，这是因为鸽子周围

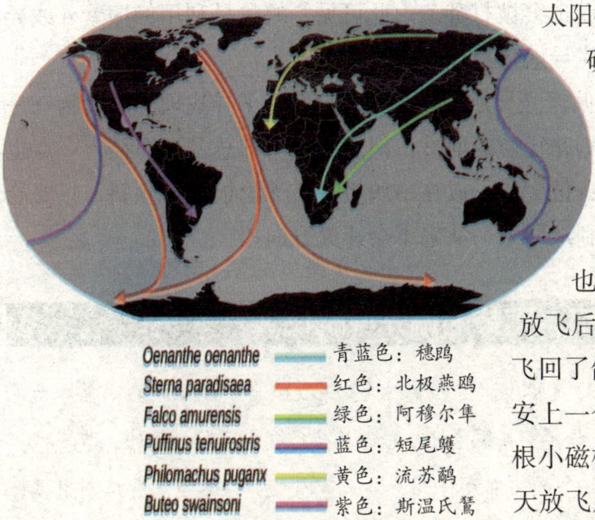

6 种鸟类的迁徙地图

金龟子　图片作者：adrian.benko

的地磁场发生了变化，使它失去了定向能力。

1978年，美国科学家在鸽子的头部发现了磁石，这是一小块含有丰富磁性物质的组织。他们认为，也许这就是天然的磁场检测器。

蚂蚁和蜜蜂等动物能用天空偏振光来导航。那么，什么是偏振光呢？只在某个方向上振动，或者某个方向的振动占优势的光，就叫偏振光。太阳光本身并不是偏振光，当它穿过大气层，受到大气分子或尘埃等颗粒的散射后，便变成了偏振光。

沙漠中有一种蚂蚁，在离开自己的巢穴时，总是弯弯曲曲地前进，到处寻找食物，可是一旦得到食物后，即使在离巢很远的地方，也会沿直线返回原地。

那么，这种蚂蚁是怎样辨认方向的呢？科学家让蚂蚁在回巢的路上，戴上“有色眼镜”——使它通过各色滤光片观察天空。结果发现，如果让蚂蚁看波长为410纳米以上的天空光，会使蚂蚁像迷了路一样，忘记回家的方向；如果给它看波长在400纳米以下的光，蚂蚁一下子便找到了前进的方向。而紫外线的波长正是在400纳米以下，也就是说，蚂蚁是用紫外线导航的。但是，如果使天空中的光去掉偏振，变为非偏振光，蚂蚁的正常行动也会被打乱。由此可见，蚂蚁是利用偏振紫外线导航的，它们的眼睛是天然的偏光导航仪。

大头金龟子也是按照天空偏振光导航的。有时，它们为了寻找理想的食物——植物的嫩茎绿叶，会沿着曲折的路径蜿蜒前进，但是回家时却总是走捷径，一点也不兜圈子。有人做过一个试验：把金龟子放在一块板上，无论板如何倾斜，只要能看到天空和太阳，它们就能顺利地回家，从来不会迷失方向。

广角镜：蜜蜂的偏光导航仪

蜜蜂的偏光导航仪是在头部的复眼中。它的复眼是由6300只小眼组成的，蜜蜂就是靠这些小眼来感受天空的偏振光。科学家按照蜜蜂小眼的构造，制成了八角形的人造蜂眼，用它来观察天空，果然，天空的每个区域都有特有的偏振光图形。科学家从蜜蜂利用偏振光定向的本领中得到启发，制成了用于航空和航海的偏光天文罗盘。

昆虫旅行家

一艘意大利客轮正航行在地中海上。船员们用望远镜看到，远处有一片忽高忽低的云彩，驶近时才发现，这片忽高忽低的云彩其实是一群美丽的彩蝶，它们正在集体越海南飞。

蝴蝶越海南飞，是因为它们有迁飞的习性。也就是说，它们在一定的季节或生长发育的某个时期，会本能地飞向适宜的栖息地。

研究表明，有大约200多种蝴蝶喜欢集体旅行。其中，最有名的莫过于斑蝶、粉蝶和蛱蝶了。蝴蝶集体旅行时的队伍大小不一，最多的是由上万只蝴蝶组成的一支浩浩荡荡的大军。这类昆虫是按一定路线飞行的，很少发生偏差，仿佛它们中间有一条无形的空中“航线”。粉蝶在逆风时每秒飞2 ~ 4米，顺风时每秒可达10米，相当于每小时飞行36千米。飞行速度最快的要数灰蝶了，它们称得上“来无影，

帝王蝶 图片作者：Kenneth Dwain Harrelson

去无踪”，身影转瞬即逝。

帝王蝶有着宽大的橙色翅膀。为了躲避北美的冬天，它们会数以百万计地迁飞到墨西哥取暖，景象颇为壮观。它们在那里繁殖后代，然后相继死亡。第二年的4月，新的一代继续向北飞行，途中它们又繁殖了第二代蝴蝶，这一代转而向东继续飞行。在穿越阿巴拉契山脉后，还会有第四代，甚至是第五代蝴蝶参与这一壮举。

美洲有一种大蝴蝶，体形美丽，仪态万方，被人们赞为“彩蝶王”。每年春暖花开之时，它们总是成群结队地从墨西哥出发，越过墨西哥湾，向北飞到美国的得克萨斯州、佛罗里达州，然后飞往新英格兰州、明尼苏达州，一直飞到加拿大。秋风萧瑟之时，成千上万只彩蝶王，又从加拿大经过美国中、西部地区，浩浩荡荡地飞回到墨西哥。在几千千米的长途迁徙中，它们不辞劳苦，日行夜宿，历时几个月，平均每天飞行45千米。这支彩色的队伍飞越大海、高山和荒漠，同彩云竞飞，与流霞争艳，蔚为壮观。在漫长的旅途中，大约有1/3的彩蝶王会不幸丧生，然而它们仍然不屈不挠，顽强地向目的地飞去。它们绝不是乌合之众，雄蝶们总是飞在队伍的前面和周围，组成一道美丽的锦屏，保护着一起飞行的雌蝶。

广角镜：寻觅彩蝶踪迹

加拿大昆虫学家弗雷德·阿·乌尔卡特曾经用一种特制的油膏，把编了号的标记贴在百余只彩蝶王的翼上，以便能够寻觅这些昆虫旅行家的踪迹。几个月以后，人们在距加拿大几千千米的墨西哥马德雷山陡峭的山谷中发现了它们，此时它们正在生儿育女，休养生息。

斑蝶的迁飞本领也并不逊色。每年秋天，它们从北美洲的北部，风尘仆仆地飞到南方去过冬。一部分往东南方向飞行，横渡辽阔的大西洋，越过亚速尔群岛，然后飞往非洲的撒哈拉大沙漠，或意大利和希腊等地；另一部分则向西南方向飞行，经过浩瀚的太平洋，前往数千千米之外的日本，甚至澳大利亚等地。

除了蝴蝶，蝗虫、蛾类和蜻蜓等也有“昆虫旅行家”之称。就拿蝗虫来说吧，这是一种会给农作物造成严重危害的世界性大害虫，它们常成群迁飞，且来势凶猛。当蝗群飞来时，江河湖海、丘壑悬崖都阻挡不住；鸣枪击鼓、烟熏火喷也吓不跑；哪怕是动用飞机、大炮，也难以惊扰它们的飞行。在集体飞行的蝗虫群中，死去的蝗虫的数量往往是惊人的。据报道，曾经有一群渡海迁飞的蝗虫，被狂风卷入大海，

蝗灾

结果，在长达 80 千米的海岸上竟堆积起了 1 米高的蝗虫尸体。

小小昆虫光靠拍动双翅，哪有这么大的力量越过一望无际的太平洋、大西洋，到大洋彼岸去谋生呢？原来，昆虫在高空飞行时，无须摆动翅膀，消耗体力，它们只要张着翅膀，就能借助气流把身子托起来。这些昆虫还能巧妙地利用风力，滑翔而行。

昆虫迁飞第一是为了谋生，第二是“度蜜月”的一种方式。在生殖季节，雌雄昆虫比翼齐飞，在临行前或旅途中进行交配。这样，可以在目的地为下一代物色一个理想的生长环境，有利于种群的繁衍。

知识窗：了解昆虫迁飞规律

昆虫迁飞现象，同人类的生产和生活有着密切的关系。如今，世界各国的昆虫学家都通过海面捕捉、标记回收和高空网捕等方法，了解迁飞昆虫的飞行路线和歇脚地点，掌握它们的迁飞规律，以便更好地控制昆虫种群的数量并加以利用。

动物的冬眠

冬天来到了，北风呼啸，草木凋零，熙熙攘攘的大自然顿时变得分外宁静，那些爱喧闹的昆虫、池塘边的青蛙、江河中的鱼儿、屋檐下的蝙蝠都不见了。它们究竟到哪里去了？原来，这些动物都躲藏在窝里，不吃也不动，它们开始冬眠了。

冬眠是许多动物对严酷的自然环境的一种适应。为什么这些动物不吃东西，居然能度过漫长的冬天呢？这是因为在冬眠之前，它们大多都做过一番紧张的准备工作：一方面是大吃大喝，使体内的皮下脂肪大为增加，把自己养得又肥又胖；另一方面是积极筹备“粮草”。东欧地区有一种田鼠，在冬眠前能准备25千克的干草供自己所用。中亚细亚沙漠中的大沙土鼠，不仅能大量收集干草，而且能巧妙地用嘴咬断树枝，插入土中，把干草包围住，以防被寒风吹走。狼、獾、北极狐等肉食性动物，在越冬前会杀死大量小动物，作为口粮储藏起来。

寒风凛冽的冬天　图片作者：Bobjgalindo

尽管这些动物的体内已积累了大量的营养物质，也有了食物储备，可是冬眠期有好几个月，怎么够用呢？请不必担心。动物在冬眠时，往往处于昏迷或熟睡状态，它们已把新陈代谢活动降低到最低的限度：体温下降，消化停止或十分缓慢，血液循环减慢，心脏的收缩强度大大减弱，脉搏和呼吸次数显著降低，这时消耗的营养物质也就大大减少了。例如，蝙蝠在冬眠时每分钟的呼吸次数只有五六次，旱獭每分钟仅二三次。

刺猬原来每分钟呼吸50次，但熟睡时几乎可以不吸入空气，把它扔进水里，过半小时捞上来也不会淹死。睡鼠在冬眠时身体很硬，呼吸也变得非常微弱，把它当作一只球放在地上滚来滚去，它也不会轻易醒来。

动物冬眠的姿势是各不相同的。蝙蝠往往在屋梁上或山洞顶部的隐蔽处，把身体倒挂着呼呼熟睡；刺猬、松鼠和狗獾等在洞穴或窝巢中抱头大睡；蛙和蟾蜍埋在池底的泥里睡觉；石头下、枯叶堆、树洞里，都可以成为蜥蜴的冬眠场所；蜗牛则躲藏在石缝或枯叶间，连自己的壳也封闭起来，只留一个小孔供呼吸用。

温带地区的许多淡水鱼，也有冬眠的习惯。冬天，鲤鱼就像吃了安眠药一样，游进深水处，进入蛰伏状态。据测定，在未被冻死前，鲤鱼的体温几乎可以下降到 -1℃。这时鲤鱼已停止呼吸，宛如死去了一般。可是气温一上升，它便很快“复活”了。

美洲黑熊在秋天吃饱喝足，把身子养胖以后，就跑进深山岩洞，把自己封闭起来，开始安安稳稳地冬眠了。这时候，它们只需要一点点氧气，就能足足睡上四五个月，既不进食，也不喝水，甚至连排尿也停止了。黑熊在停止排尿以后，是否会把含氮废物贮存在体内呢？恰恰相反，冬眠时黑熊血液中含氮废物的浓度还会有所下降呢！

这种奇特的现象究竟是怎样造成的呢？美国伊利诺伊理工学院的纳尔逊博士等人，经过 10 年的研究终于揭示了其中的奥秘。冬眠时黑熊的肾脏几乎不产生尿，即使有很少一点尿，也能采用独特的方式处理。尿液是在膀胱内被吸收的，而尿素则在肠内被肠道细菌分解为氮，然后重新加以利用。冬眠时黑熊体内的脂肪，进入新陈代谢过程后，会产生大量的丙三醇（甘油），而氮是被丙三醇吸收，并被用来合成氨基酸和蛋白质的。

科学家分别给冬眠的黑熊和正常的黑熊注射带有少量放射性元素的丙三醇，然后检查它们的血液。结果发现，含有放射性元素的尿只出现在正常黑熊的体内，而在冬眠的黑熊体内却没有一点踪影。注射带有放射性元素的氨基酸时，也出现了同样的情况。科学家解释说，这是因为在冬眠的黑熊体内，作为基本材料的丙三醇和氮是周而复始、循环使用的。这样，含氮的废物就不会累积起来，这与正常黑熊体内的代谢过程是不一样的。

有些动物会选择岩洞作为冬眠的场所

动物动脑筋

动物也会动脑筋吗？是的，它们通过开动脑筋，使自己适应环境的变化。

曾经有一只残废的秃鼻乌鸦，它无法飞行，只好住在一户人家的附近，靠吃残渣剩饭过日子。一次，主人拿一块干面包给它，秃鼻乌鸦用嘴啄了一下，发现面包很硬，便叼起面包走了。走不多远，秃鼻乌鸦停了下来，把干面包放到给鸡、鸭饮水的盆子里，然后再取出来。面包吸水后变得柔软了，乌鸦就一点一点地吃了起来。

那户人家把水盆挪动了地方，再给乌鸦一块干面包，看它怎么办。果然，秃鼻乌鸦叼着干面包仍向原来放水盆的地方走去，可是那儿已经空空如也。它叼着那块干面包来回不停地走了几次，最后，终于发现狗食盆里有水，于是欣喜若狂地向狗食盆那儿走去，又一次蘸着水把面包吃到了肚里。

有的科学家认为，乌鸦是最聪明的鸟类　图片作者：Chris Gladis

然而会动脑筋的动物是不少的。在英国，送牛奶的人每天把瓶装的牛奶、酸奶酪和奶油送到各家门口。有一只小山雀把铝箔制的瓶盖啄出来，把牛奶偷吃了。不久后，其他山雀也如法炮制，纷纷偷吃各家的牛奶。有些法国的山雀对牛奶和酸奶酪不感兴趣，专门偷吃奶油。令人吃惊的是，这些小山雀竟能根据瓶盖的不同颜色，分辨出哪个瓶里装的是奶油。

有人用细绳把一片肥肉吊在瓶子里，看山雀能不能得到这片肉。一开始，饥饿的山雀隔着透明的玻璃瓶用嘴去啄，当然，这是枉费心机。碰壁之后，它停在瓶口一动也不动，似乎是在“思索”。最后，它终于想出了一个好办法：用嘴咬住细绳，再用力往外拉，企图把肥肉取出来。不料这条细绳很长，拉一次还无济于事，于是山雀就动用自己的脚踩住已经拉上来的细绳，再用嘴咬住绳往外拉，拉一段，踩一段，如此反复多次，美味的食物便到手了。

水獭也是足智多谋的。这种动物擅长筑坝，它的前爪像灵巧的耙子，四枚凿子似的门齿，锋利无比。一次，加拿大某地区的铁路被淹，事后查明，罪魁祸首竟是水獭。它们在附近水源上筑坝，挡住了水的去路。为了对付水獭，铁路修护工在水坝的出水处装了个水轮，轮上吊着铁罐，让水流带动水轮发出响声，把水獭吓跑。修护工以为，这样一来就可以万事大吉了。谁知道第二天跑去一看，水轮不转，铁罐不响，原来水轮上插了根木棍！这个地方人迹罕至，一定是水獭干的。

足智多谋的水獭　图片作者：David Monniaux

棕熊捕食鲑鱼 图片作者：Carl Chapman

美国缅因州有位动物学家做了一个实验：把水獭的堤坝捅了个大洞，看它们怎么对付。他发现首先前来抢救的是3只小水獭，由于洞口较大，它们忙得团团转，最后还是解决不了问题。这时，一只小水獭回去请来了富有经验的老水獭。只见老水獭潜入水底，搬来一块大石头，放进洞里，并用爪抓住，让小水獭用泥土塞住缝隙，便出色地完成了“堵漏工程”！

看上去傻乎乎的熊，有时也很会动脑筋。在西伯利亚的克拉斯诺雅斯克，有一条河。河岸上，伐木工人的帐篷附近，有一座堆得像小山的原木。一天清晨，伐木工人发现岸上站着一头大熊，正望着水面出神。它究竟想干什么呢？只见它在岸上来回走了几步，便向原木堆走去。大熊在木堆上拿起一根原木，一边“哼哼”叫，一边往河里推。大熊把一根原木放到河里后，又拿起另一根原木，水面上激起了水柱。这时，大熊大叫一声，向河的下游走去。

大熊的这些举动激起了工人们的好奇心，他们悄悄地跟踪它。只见大熊在离河岸较近的浅水处停住了脚步，开始用两只前脚掌拍打水面，原来它是在抓鱼呢。大熊抓住一条鱼就往岸上扔，而那些鱼一动也不动，就像死了一样。至此人们才明白，大熊把原木推到河里，为的是能击中鱼群，把鱼打昏，让它们被水冲到离河岸较近的浅水处，这样抓鱼岂不是方便多了吗？

奇闻轶事：大象用鼻子吮吸硬币

在国外的动物园里，有时人们会看到大象用鼻子吮吸硬币的表演。一次，一位游客用力太大，把一块硬币扔出栏杆外，硬币滚到了墙脚边上。大象伸长鼻子去吸，怎么也够不着。人们以为它会就此作罢。谁知大象并不甘心，它盯着那块硬币开始动起了脑筋。不一会儿，大象已经有了解决问题的办法了，它用力把长鼻子摔出圈外，吸足气后猛吹土墙，这口气像一阵风那样，遇到土墙又返回来，把硬币带了过来。于是，大象轻而易举地吸住了硬币，然后把它高高举起。大象精彩的表演，博得了观众的热烈掌声。

动物的阴谋

动物也会施展阴谋诡计，特别是在它们捕捉猎物或抵御入侵之敌的时候……

扬子鳄的尾巴粗壮有力　图片作者：Greg Hume

一只黄褐色的野兔悄悄地来到水塘边。它举目四顾，竖起两只机灵的尖耳朵，没有发现什么动静，便开始埋头饮水。接着，它咬断了一些青草的嫩叶，慢慢地咀嚼起来。突然，一条又粗又硬的鞭索“啪”地一抽，正在吃草的野兔还没来得及反应，便已一个筋斗栽进水里。紧接着，“扑噜”一声响，有一张血盆大口一下子咬住野兔，把它拖下水去。

偷袭野兔这一幕干得这样利索、漂亮，连一点蛛丝马迹也没留下。凶手是谁？原来，它是中国保护动物扬子鳄。这种动物外表粗笨，四条腿短而粗，头好像直接长在躯干上，无法转动。一条长长的鞭索——尾巴，是它用来捕食的武器。如果不是亲眼看见，或是剖开它的腹腔取出野兔来，大概谁也不会相信这是它干的。

许多蜘蛛都会结网捕虫。可是，南美洲的热带森林中，却有一种不结网的蜘蛛。它把吐出来的丝当做“钓线”，钓虫子吃，犹如一个垂钓的渔翁。因此，有人称它为“渔翁蜘蛛”。

渔翁蜘蛛在树林中用枝干当“钓竿”，在竿端吐出一根长长的蛛丝，下面缠着一团乱丝，做成“钓线”和“鱼饵”。在森林中飞舞的昆虫，看到随风飘荡的“鱼饵”，便误以为是自己爱吃的食物。没有风的时候，渔翁蜘蛛就用脚拉动“钓线”，让“鱼饵”来回晃动，布下“迷魂阵”。一旦昆虫上钩，乱丝上的黏液就会捆住它的手脚。此时，蜘蛛便沿着蛛丝爬下来，把昆虫吃掉。

鮟鱇鱼有“海底渔翁”之称。它的嘴巴很大，牙齿十分尖利。这种鱼背上有一根棘刺细而长，弯曲在头部上方，这就是它的“钓鱼竿”。平时，它躺在海底深处，或将身体埋藏在泥沙中，却高高竖起这根“钓鱼竿”。“钓鱼竿”的顶端，有个闪光的肉瘤。鱼儿见了，以为是美味佳肴，便一拥而上，急不可待地扑上去品尝一番。谁知鮟鱇鱼大口一张，那柔软而富有弹性的“钓鱼竿”，就立刻把上钩的鱼儿送到了嘴里。

随身携带“钓鱼竿”的鮟鱇鱼

鮟鱇鱼分布在欧洲、美洲、非洲以及我国沿海的海底，各种鮟鱇鱼的“钓鱼竿”都是不一样的：有的插在上颌上；也有的长在嘴唇上，宛如一根白色的胡须。“钓鱼竿”上的肉瘤，有的简直像霓虹灯似的，一会儿红，一会儿白，刚变成蓝色，霎时间又成了绿色，真是五颜六色、光彩夺目。

弱小的动物在遇到强敌时，常会使用各种计谋逃生。装死躺下，便是其中一种有效的避敌策略。绝大多数鸭子见到狐狸后，会拼命逃跑。万一情况危急，或被狐狸抓住，鸭子马上会一动不动：伸长脖子，翻着白眼，翅膀紧贴躯体，好像已经死去。狐狸稍有疏忽，它便立即逃之夭夭了。

生活在北美丛林中的负鼠，当遇到凶猛的敌害无法逃脱时，会翻滚躺下，四脚朝天，双眼紧闭，嘴巴半露，装出一副已经死去的模样。猛兽以为它真的已一命呜呼，兴趣索然地跑开了。几分钟过去了，它身体开始稍微动一动，灵活地转动着小眼珠，见周围风平浪静，便飞也似的溜走了。

许多蜥蜴和蛇都会采用“丢车保帅”的方法对付敌人。有一种性情温良的蟒蛇，遇到威胁时会把身体缠绕成球形，将头藏在下面，而把粗钝的尾巴高高竖起。敌害以为这就是蛇头，一口咬去，最多咬断蛇尾，蟒蛇却安然无恙。

行动迟缓的海参也会采用类似的避敌绝招：当海参遇到强敌侵犯时，它会毫不犹豫地把又黏又长的肠子、像树枝一样的水肺，从肛门迅速抛出，以此迷惑敌害、转移敌害的视线，而自己却趁机逃走。海参丢掉了自己的内脏后并不会死掉，过几个月后，它的体内又能长出新的内脏。

负鼠装死

鸟类学家曾亲眼看见凤头麦鸡施展“调虎离山计”的情景。凤头麦鸡伏在窝里孵卵的时候，见狡猾的狐狸走来了，便用草把窝盖好，然后悄悄地穿过草丛，溜到狐狸身后的一个显眼处，“嘎嘎”大叫起来。狐狸听到声音，转身便向它追去。凤头麦鸡为了引诱狐狸上钩，等它走近了，才向前跑了几步，显得十分笨拙。狐狸见状便撒开四腿，加快速度，就这样跑跑停停。当凤头麦鸡把狐狸引到离鸟窝很远的地方后，才飞上高空，然后一个急转弯落入树丛，回窝继续孵卵了。

遇到危险时，海参会把肠子抛出来
图片作者：Brocken Inaglory

奇闻轶事：猿猴的骗术

有些猿猴在与同伴争食时，还会使用骗术呢。一群狒狒正在草地上觅食，一头年轻狒狒目不转睛地注视着一头成年母狒狒，并慢慢地向它靠拢。这时，母狒狒正一门心思地用石块刨挖着可供食用的地下根茎。显然，年轻狒狒对此已一目了然。它环顾四周，忽然发出了尖叫声。它的母亲以为孩子受到了攻击，便匆匆走来，赶走了那头母狒狒。于是，年轻狒狒得意洋洋地拿起母狒狒刚挖出来的根茎，津津有味地吃了起来。事实上，年轻狒狒并没有受到侵犯，可是它那恐怖的尖叫声，却使母亲深信它已受到攻击。这就是它试图不劳而获夺取其他狒狒的食物时，采用的一种骗术。

生存篇思考题

1. 动物是怎样知道时间的？
2. 为什么只有落汤鸡，却见不到落汤鸭？
3. 为什么一山不容二虎？
4. 比目鱼的两只眼睛是怎么长在一起的？

谋食篇

自“呱呱坠地”之后，动物就会面对一个个生存难题，它们不仅得适应风霜雨雪、严寒酷暑，还得到处奔波、寻觅猎物，以便填饱肚子。动物在生存竞争中，使出了浑身解数，搬出了十八般武艺：有别出心裁地将“厨房”迁移到体外的，有巧妙地运用五花八门的狩猎术的，还有的竟然成了使用工具的行家里手。

在漫长的进化过程中，一些“聪明”的动物“总结”出了自己的选食准则——挑最大的食物先吃。这是因为食物中所含的能量基本上与食物的体积成正比。也就是说，食物的体积越大，越容易填饱肚子，价值也就越高。“挖最深的”是另一个选食准则。在大多数情况下，这个准则能使动物得到较多的食物，有利于它们的生存。

贪婪的动物“吃货”们，在选择食材时几乎包罗万象：从吞食动物尸体，到蛀食木材；从啃金属、专饮动物的眼泪，到直接吮吸哺乳动物身上的体液。它们真可谓吃遍天下，什么都敢吃，什么都能吃。

在狩猎时，这些名副其实的“吃货”们简直无所不用。比如，青蛙和避役的“舌剑”是捕捉昆虫的利器，而美丽的射水鱼成了喷射“水弹”的“神枪手”。谋食高手们要么放“炮”，连发几十个“化学弹”；要么放电，把对手击得昏昏沉沉；要么亮“剑”，在汪洋大海中称王称霸。它们的一举一动，真是令人叹为观止。

动物的选食准则

鼩鼱是兽类世界的侏儒，它的体长只不过7厘米左右，外貌有点像小老鼠。与众不同的是，这种小动物能量消耗特别厉害，食物消化得很快。它的肚子简直像个无底洞，需要一刻不停地进食。2小时不吃东西，鼩鼱会饿得浑身无力，行动呆滞；一旦停食4小时以上，它就会活活饿死。平时，鼩鼱只要遇到可以吃的东西，像蠕虫、甲虫、蚯蚓等，便饥不择食，照单全收。可是，如果鼩鼱同时发现一只甲虫和一条蚯蚓，它们都是活的，吃了一个，另一个就会逃走，那么这个饿得发慌的小动物，究竟先吃哪一个呢？英国诺丁汉大学的动物学家通过实验发现：这时鼩鼱有个明确的选食准则——挑最大的食物先吃。

让鼩鼱在大小不同的食物之间挑选，它总是毫不犹豫地先吃最大的食物。动物学家把一种身体被分成一节节体节的蠕虫，按一节长、两节长和四节长各一段，放在这个贪婪的小家伙面前。结果是显而易见的，它总是先吃四节长的一段。鼩鼱之所以挑最大的吃，是因为食物中所含的能量基本上与食物的体积成正比。也就是说，食物的体积越大，越容易填饱肚子，价值也就越高。

但是，这一选食准则不是在任何情况下都对鼩鼱有利。譬如，把一堆一节长的蠕虫和一堆两节长的蠕虫，放在鼩鼱面前，它肯定会看中两节长的那一堆. 实际上，它还是吃一节长的那一堆更合算。因为一节长的蠕虫体积小，鼩鼱可以连续不停地吞下肚去，而两节长的蠕虫体积较大，得花时间咀嚼，一咀嚼，摄入食物的效率就会降低。当然，在野外鼩鼱不大可能遇上这么一堆都是一节长的蠕虫。因而，在大多数情况下，鼩鼱的选食准则还是十分有效的。

鼩鼱个头小，胃口却很大

生活在欧洲草原上的凤头

麦鸡，主要以掘食泥土中的蚯蚓为生的。它们的掘食工具——喙，大约只有3厘米长，掘土的深度通常也不会超过3厘米。科学家发现，凤头麦鸡在挖掘蚯蚓时有个万古不变的行为准则：挖最深处的蚯蚓。它们总是挖掘到喙所能到达的最深处，然后仔细寻找蚯蚓，似乎坚信只有那里的蚯蚓才最有价值。

以掘食蚯蚓为生的凤头麦鸡
图片作者：Northern-Lapwing

凤头麦鸡这样做，也不是没有道理。因为对于这种动物来说，细小的蚯蚓填不饱肚子，粗大的蚯蚓又难以寻觅，比较理想的食物莫过于中等大小的蚯蚓了。在三四厘米深的土层中，蚯蚓的大小大体上和泥土的深度成正比：浅处蚯蚓较小，深处蚯蚓较大。于是，它们便拼命掘食最深处的蚯蚓。

贼鸥是动物界有名的"小偷"
图片作者：Patrick Coin

在掘食时凤头麦鸡会不会见机行事呢？科学家做了一个实验：他们故意把大蚯蚓埋在土层浅处，让凤头麦鸡一下子挖了出来。有趣的是，对于眼前的大蚯蚓，它们竟视而不见，连碰也不碰一下，仍然继续往深处挖，非要挖到最深处，才开始寻找蚯蚓。结果，浅处挖出的大蚯蚓被不劳而获的贼鸥偷去了，凤头麦鸡也毫不在乎。

小资料："挖最深的"是进化中形成的

初看起来，这种动物不根据蚯蚓的大小，而按照埋藏食物的深度来估计食物的价值，似乎过于刻板。然而，"挖最深的"这一行为准则是在长期进化过程中形成的，虽然有时会使凤头麦鸡漏掉浅处的大蚯蚓，但是在大多数情况下，这个准则却能使它们得到较多的食物，有利于它们的生存。

唇枪舌剑

肉食性动物大多靠利齿锐爪取食。可是，在大自然中，有些动物偏偏把舌头作为捕食的武器。

青蛙是捕捉昆虫的能手。它蹲在池塘边上，一双凸眼凝视着远方，一动也不动。一只苍蝇飞来了，它目不转睛地望着这迎面而来的飞虫，不动声色。突然，青蛙像离了弦的箭一样，腾身跃起，将鞭子似的舌头翻出口外，苍蝇顿时便成了青蛙的口中之物。青蛙的舌头确实与众不同：舌尖分叉，舌根长在下颌的前部。平时，舌头“按兵不动”，躺倒在口腔内；捕捉昆虫时，舌头便向上前方射去。覆盖在舌头表面的黏液，能将昆虫粘牢，随着舌头的缩回，猎物也就葬身蛙腹了。

美丽的射水鱼是喷射“水弹”的“神枪手”。成群的昆虫，如苍蝇、蚊子、蜻蜓等，常在水面上飞掠而过，或飞到水草茎叶上停歇。这时候，射水鱼一旦发现了猎物，

射水鱼　图片作者：Ltshears

它便快速地摆动鱼鳍，游近目标，然后撮尖了嘴，向昆虫喷射出“水弹”来。射水鱼喷射“水弹”的本领十分高明：在一米距离内射出的“水弹”可以不偏不倚地击中目标，基本上是弹无虚发。飞行中的昆虫一旦被击落，就会被射水鱼吞而食之。

射水鱼用“水弹”攻击猎物

动物学家发现，射水鱼之所以能射水，是因为它的口腔上腭有条沟，舌头与沟贴合，形成了射水管。舌头迅速上下运动时，“水弹”就喷射出来了。有趣的是，“水弹”还会散成小“水弹”呢！当“水弹”快要命中目标时，一下子就会分成好多个小水滴，这样就更容易击中猎物了。

在捕食时，动物的舌头会“八仙过海，各显神通”。穿山甲是靠舔食白蚁和蚂蚁等小虫子为生的，它的嘴巴像一支笔管，里面没有牙齿，只有一根细长而且附有黏液的舌头。捕食时，它把长舌伸入蚁巢，粘满白蚁后缩回口中。这样不停地伸出缩回，就可以把一巢白蚁吃个精光。

“树木医生”啄木鸟 图片作者：J.M.Garg

啄木鸟是有名的“树木医生”，世世代代靠吃藏在树洞里的昆虫过日子。它天生一把“手术刀”——像钢凿一样的嘴巴。停在树干上的时候，它就举起“手术刀”，东敲敲，西啄啄，发出“笃、笃、笃”的响声。从敲击树干的声音中，它能知道害虫潜伏的地方，然后在树上啄一个小洞，把细长的舌头伸进去，利用上面的黏液和小钩，将虫子钩出来吃掉。

只有人的拇指那么大的太

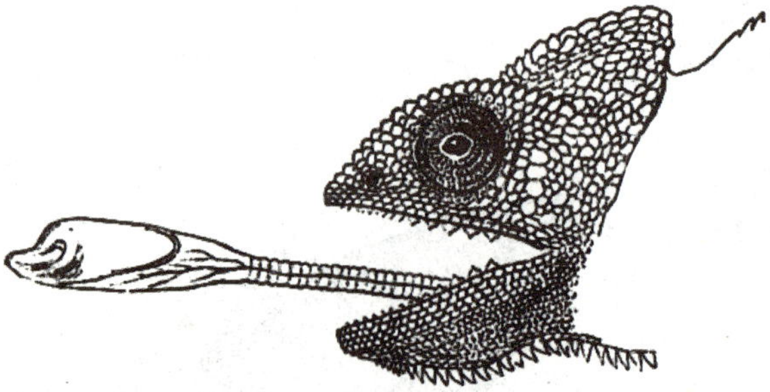
避役舌头的弹射速度高达每秒 5 米

阳鸟，能站在鲜花上吮吸花蜜，就是因为它的舌头别具一格。那其实是一根细管子，再配上又细又长的嘴巴，这种美丽的小鸟便能尽情享用花蜜了。

在用舌捕猎方面，避役（也称变色龙）可算是强中手了。这种动物的个子不大，身长大多只有 20 ~ 30 厘米，最大的也不过 60 厘米。避役的舌头伸出口外时，像一根圆筒状的长棒，长度约为身长的 1.5 倍。更厉害的是，它能像弹簧那样将舌头弹射出去，射速高达每秒 5 米，而且往往百发百中。转眼间，昆虫等无脊椎动物便成了它的美味佳肴。

避役的舌头中间是空的，于是多年来人们一直以为它是靠气从嘴里“吹”出来的。其实，避役把舌头弹射出去，完全是肌肉的作用。避役瞄准昆虫时，会张开嘴巴，先收缩环肌，使舌头像绷紧的弦，紧接着，它突然放松纵肌，这时舌头便风驰电掣般地射了出去。

万花筒：避役的舌头并非完美无缺

避役

避役的舌头也不是完美无缺的。如果猎物沾了水变得湿漉漉的，它的舌头上纵然有黏液，也无济于事了。有人在离避役 10 厘米处，放了一条湿蚯蚓。避役瞄准后一舌射过去——虽然命中了，但舌头却粘不住湿蚯蚓。避役自然不肯罢休，它向前移动身子，再次射击，又一次落空了；它再次向前移动……如此反复 10 多次，直到离蚯蚓只有一二厘米时，它才改变策略：干脆爬过去用爪子把蚯蚓塞进嘴里。

会爬的牙齿

无论是肉食性动物还是草食性动物，牙齿都是至关重要的。印度著名猎人吉姆·科贝特曾经说过，损失了一颗犬牙的老虎，甚至无法再去对付一头野猪，仅仅只能伤害到家畜和人。

对于所有动物来说，牙齿都是至关重要的
图片作者：Richard

老鼠的牙齿像凿子一样，非常厉害。它们的工作量超过了其他动物的牙齿，即便是用最坚韧的金属铸成的最尖锐的牙齿，做这样大量的工作后也会被磨平。好在老鼠的门牙会不断生长，而且生长速度非常快。要是这类动物的牙齿接触不到坚硬的物体，就不能磨损，最后会长到惊人的长度，反而成为无用之物。老鼠的门牙每个月能长出3厘米，如果不磨损的话，到老年时就会长到70 ~ 100厘米长。

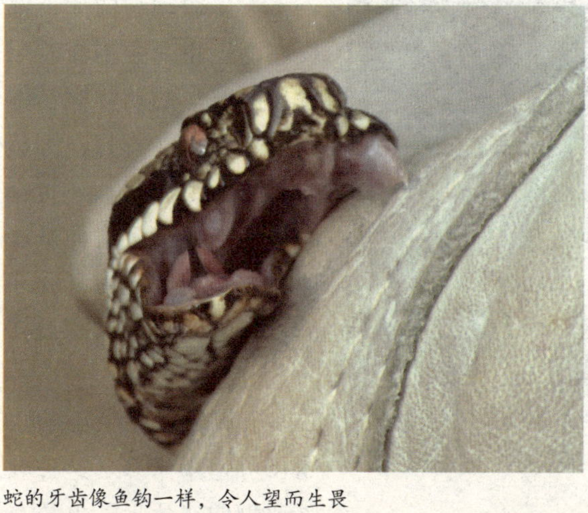

蛇的牙齿像鱼钩一样，令人望而生畏
图片作者：Piet Spaans

有些蛇的牙齿能折叠起来。当它们吞食猎物时，牙齿会朝内侧倒下放平，口腔里就像没有牙齿一样光滑，能顺利地把猎物吞咽下去。如果猎物在蛇口中作垂死挣扎，拼命往外逃，这时蛇的牙齿就会竖起来，像鱼钩上的倒钩那样，使猎物不容易逃脱。

大象的食量极大，平均每天要花 20 小时来摄取、吞食 50 千克甚至超过 100 千克的食料。对于大象来说，牙齿的任务就是昼夜不停地咀嚼杂草、芦苇、果实、树叶和树枝等。要是大象像人类一样，一生只是换一次牙，是不可能胜任如此繁重工作的。

对此，大象有自己独特的解决方法：除了前面的一对大象牙，大象上、下牙床每边各有 6 个臼齿，这样上下左右共有 24 个臼齿。有趣的是，这 24 个臼齿不是一起长出并同时使用的，而是上下左右各一个，四个一套依次长出，轮换使用。也就是说，在一段时间里，上、下、左、右的牙床上，都只有一个臼齿在工作。这个牙齿磨损了，下面一个便取而代之。与其他动物相反，大象的臼齿不是由下往上长，而是由后往前长。新的臼齿从后面慢慢地露出来，前面磨损了的臼齿就会成块地脱落，直到最后完全被新臼齿所代替。大象在 60 岁左右会长出最后一个臼齿，此后就不再换牙了。

鲨鱼的牙齿也会移动。这种食肉鱼类的上下颌内侧表面，密密麻麻地布满了牙齿。它们整整齐齐地横排成行，齿尖向后，这样猎物就很难从它的口中逃走。长在前排的牙齿首当其冲，负担最重，磨损也最快。然而，它们总是在缓慢地运动，向上、下颌的边缘移动。前排磨损了的牙齿渐渐“爬”出去，脱落，后排牙齿便紧随其后，顶上来。待到这排牙齿完成使命，变得残缺不全时，“身”后的牙齿又会“奋勇向前”，上前“接班”。长此以往，这个“前赴后继”的换牙过程一直会持续到鲨鱼寿终正寝。

大白鲨的嘴里密密麻麻布满牙齿
图片作者：Fallows C.，Gallagher A.J.，Hammerschlag N.

大多数动物的牙齿都长在嘴巴里。会不会有牙齿“搬家”的动物呢？不知道你是否注意过，鲤鱼的嘴里就没有牙齿。不过，你最好不要把手指伸进这种鱼的喉咙，因为它的牙齿长在喉咙里，那是最初的食物“加工场”。

有一种大型食肉蠕虫，体长可达半米多。这种软体动物的“牙齿”也长在咽喉处。捕食时，食肉蠕虫的咽喉会翻出来，形成一个筋肉吸管，吸管前端有四个“牙齿”——含铜量很高的黑颚骨，这些颚骨的作用是咬碎食物的硬外壳。然后，吸管会紧裹着食物重新缩回咽喉里。如果有人用手去捕捉这种蠕虫，很可能会被它咬得手指肿胀。

海龟和有些食肉鱼类的牙齿十分尖锐，是长在食管里的。实际上，这并不是真正的牙齿，而是一些较大的刺。这些刺可用来防止猎物逃遁。这类动物长满尖刺的食管，与豪猪和针鼹的皮肤很相似。它们所有的刺都共同地朝向胃部，因此食物只能向一个方向移动，而不能从胃里返回来。

鲨鱼牙齿的边缘像锯齿一样
图片作者：Kevmin

知识窗：牙齿长在胃里的动物

你观察过螃蟹的胃吗？掀开它的头胸甲，在两眼基部之间有一个三角形的“袋子”，有点像和尚戴的僧帽，这就是螃蟹的胃。在解剖镜下，我们可以看到螃蟹的胃分成两部分：前面像一个大口袋，叫“贲门胃”；后面像一个小汤勺，称为“幽门胃”。在贲门胃里，有几块骨板，有的上面长着角质化的牙齿，它们能把食物咀嚼和碾磨成小颗粒，再运往幽门胃。这套机械加工系统的作用很像石磨，于是动物学家把它称为“胃磨”。螃蟹的牙齿长在胃里，吞咽食物时就用不着细嚼慢咽了，可以把食物一古脑儿往胃里装，待休息时再由胃磨去仔细加工，这样能节省好多捕食时间呢。

在肠子外面消化

谁都知道，人和动物吃下去的东西，是在胃和肠子里消化的，那里是个天然的“厨房”。可是，有些昆虫却别出心裁，把“厨房”搬到了身体外面。

萤火虫是一种有名的发光动物，被称为“活灯笼”。但它的幼虫是没有翅的，只能用六只脚在河边阴湿的地方爬行。有趣的是，这种貌不惊人的幼虫，却成了捕食蜗牛和钉螺等动物的能手。蜗牛比萤火虫的幼虫大得多，而且身背硬壳，常把头缩进壳里。萤火虫的幼虫却很会对付这个“堡垒”，它扑上去，一口咬住蜗牛，把麻醉剂注入蜗牛体内。不一会儿，蜗牛便解除武装，全身瘫痪了。这时，幼虫没有开口大嚼，而是先把消化液注入“战利品”的体内，使蜗牛的肉变得又软又烂，成为稀薄的肉汁，然后再用口器把这些经过消化的物质，吸入自己体内。这种让食物在体外进行消化的方法，就叫“肠外消化”，也有人称为“体外消化”。

萤火虫出没在夏日的草丛中
图片作者：Timo Newton-Syms

许多肉食性昆虫，如蚜狮、蚁狮和龙虱的幼虫，也都具有肠外消化的本领。春夏之交，在桃树和李树的叶子上，有时人们可以看到一种外形像蜻蜓的美丽飞虫——草蛉。它的眼睛金黄，触角细长，全身翠绿，薄翅如纱，显得温文尔雅。可是，草蛉的幼虫却十分凶猛，特别是在捕食蚜虫的时候，张牙舞爪，因此被人们称为“蚜狮”。蚜狮的上下颚简直像一把钳子，颚上还有一根尖锐的小刺管。这把“钳子”可以一下子钳住蚜虫，尖尖的刺管同时向猎物猛刺进去，迅速注入一种液体。这是一种神奇的消化液，蚜虫马上被麻醉，不再动弹了。这时，蚜狮便通过刺管尽情地吸食蚜虫的体液。

在蚂蚁的眼中，蚁蛉的幼虫——蚁狮简直是灰黑色的恶魔。它身体粗壮，丑陋不堪，和蚜狮一样，头上也有一把“钳子”。这种幼虫会在蚂蚁经常出没的地方，挖个漏斗形的沙坑。一旦蚂蚁跌入陷阱，蚁狮就爬过去，恶狠狠地用“钳子”夹住猎物，然后把“钳子”凹槽中分泌出来的消化液注入对方体内，使之中毒麻痹。顿时，蚂蚁的体液便成了蚁狮的美味食品。

草蛉的幼虫正在捕食蚜虫
图片作者：Eric Steinert

龙虱是昆虫中的潜水专家，可是有时它也会离开水面，用翅膀在空中飞翔。它是个贪食的家伙，不仅吃小虾、蝌蚪和小虫，还会攻击比自己大好几倍的青蛙和小鱼。龙虱的幼虫也十分贪吃。这种幼虫身体修长，有点像蜈蚣。它的头上长着巨大的颚，好像两把镰刀。奇怪的是，幼虫的头部没有嘴巴，大颚也没有嚼碎食物的功能。那它是怎样把捕获的猎物吃掉的呢？原来，它上颚的内侧有一条管道，基部有个小孔能分泌消化液，而且通往食管；靠近尖端的部位也有个小孔，液体食物就从这儿进入体内。当一只蝌蚪被大颚扎住以后，龙虱幼虫便吐出一种毒液，经过管道进入蝌蚪体内，使蝌蚪全身麻醉。紧接着，它又吐出一种有消化能力的液体，用同样方式进入蝌蚪体内，使蝌蚪被消化，变成稀释了的物质。此时，幼虫的咽喉开始发挥作用了：它时大时小，像泵那样工作着，把营养物质吸

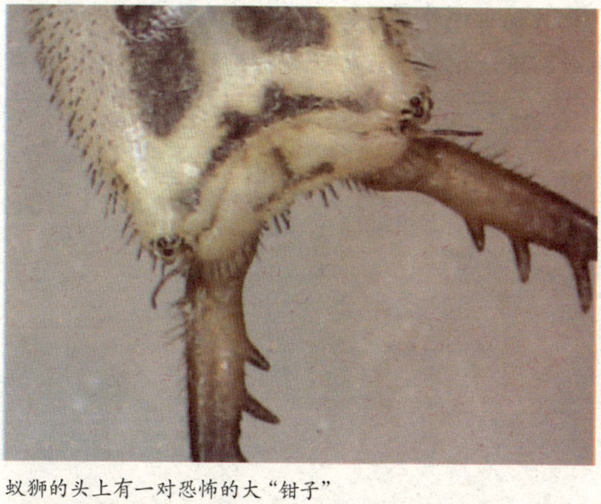
蚁狮的头上有一对恐怖的大“钳子”
图片作者：Assianir

海星常常静伏在海底
图片作者：Hans Hillewaert

进肚子里。

海星也常常把“厨房”搬到身体外面。这是一种肉食性的棘皮动物，身体呈五角形。与众不同的是，它能把胃从口腔翻到体外，用来捕捉和消化食物。海星主要捕食有双贝壳的软体动物。在它扁平、可弯曲的体盘上，长了几条粗壮的腕，腕上有几排末端具有吸盘的管足。平时海星不动声色地静伏在海底，或在海底匍匐前进，一旦遇到牡蛎等贝类，它就一反常态，杀气腾腾地突然跃起。

你知道吗：海星的三种捕食方式

动物学家发现，海星有三种捕食方式，每一种都离不开它那奇特的胃。第一种捕食方式是用腕紧紧抓住猎物，借助管足把紧闭的贝壳使劲打开，然后把胃翻出体外，挤入贝壳中，包住贝类的身体，分泌消化液进行消化。第二种捕食方式是用腕抓住贝类后，将胃从口中翻出来，把对方的整个身体都包得严严实实的，使之窒息而死。死后贝壳会自行打开，这时胃便能消化食物了。最后一种捕食方式是，海星悄悄地向猎物靠拢，把胃翻出体外，耐心地等待时机。只要猎物一不留神打开贝壳，它便马上见缝插针，迅速把胃挤进去，先杀死对方，然后慢条斯理地消化吸食。

捕蛇能手

人们常把獴称为捕蛇能手。这种动物身体细长，头小，嘴巴尖，四肢短小，有点像黄鼠狼。它们与蛇是天生的冤家对头，一旦狭路相逢，总要拼个你死我活。即便是人工饲养长大，从未见过蛇的獴，见到了塑料做成的假蛇时，也会猛扑过去，一口咬住蛇的脖子。

夏天，在中国云南西双版纳的密林中，一只体毛浓密的印度獴，在草丛中发现了可怕的眼镜蛇。印度獴出于捕蛇天性，飞快地冲了上去。眼镜蛇面对生死大敌，不敢怠慢，立即竖起上身，处于一级戒备状态。

獴围着对手不断地绕圈子，因为眼镜蛇是十分厉害的，如果不能一口咬住蛇的脖颈，自己就可能反遭其害。在最初的 15 分钟，精力充沛的眼镜蛇占了上风，獴只顾躲避，根本没有还击余地。为了对付眼镜蛇的凶猛进攻，獴蓬起周身的毛，整个身躯看上去好像比平时大了一倍。这一招很管用：在激烈搏斗中万一有个疏忽，被眼镜蛇咬中的也只是一撮毛而已。眼镜蛇探出身子，一次又一次去咬对方，然后再迅速收回。这样经过多次反复后，眼镜蛇已疲惫不堪，进攻的节奏逐渐缓慢下来。这是因为眼镜蛇属于爬行动物，在血液循环上要比哺乳动物獴差一些，体力上不如印度獴。印度獴反击的时刻到了，它蹿上去一口咬住眼镜蛇的颈部，死死不放，双方立即扭成一团。没过多久，被利齿紧紧咬住的眼镜蛇，最终丧失了抵抗力，成了獴的腹中之物。

印度獴 图片作者：J.M.Garg

据动物学家观察，有时獴与眼镜

眼镜蛇 图片作者：Pavan Kumar N.

蛇作性命相搏的决斗是被迫的。锡兰（今斯里兰卡）生物学家普·杰拉尼雅加拉曾做过专门实验。他将一只獴和一条眼镜蛇一起锁在铁笼里。只见眼镜蛇上身耸起，有半米高，要比獴高出两倍，虎视眈眈地打算居高临下，给獴以迅雷不及掩耳的打击。对于眼镜蛇的挑衅，獴根本不予理睬，只是千方百计地企图钻出铁笼。直到獴确信脱离囚笼的希望已成了泡影，它才发出一声短而急促的叫声，尾巴神经质地颤动着，狂怒地转向毒蛇。双方对峙了一秒钟。正当蛇把嘴稍微张开，并将头向后仰，准备发动进攻时，獴闪电般地蹿起，用牙齿一下子咬住了蛇的颈部，并用四只脚爪抓住蛇的身体。一对劲敌在地上扑腾翻滚着：獴时而压在蛇身上，时而被蛇卷倒在地。整个战斗持续了约50分钟，最后獴大获全胜。

巴西蝮蛇是獴的克星 图片作者：Felipe Süssekind

在与蛇的搏斗中，獴并不总是常胜将军。也许在对付眼镜蛇时，獴有一套独特的绝招：獴自身行动敏捷，不易受对方攻击；而眼镜蛇又比其他蛇行动迟缓呆笨，再加上毒牙较短，嘴巴只能张开45°，不像有的毒蛇能张开180°，这些致命弱点使它在与獴搏斗时屡遭败绩。可是獴若遇到印度群岛上的另两种毒蛇——枪头蛇和巴西蝮蛇，情况就会截然不同。它们对獴发起的进攻既快又猛，如果獴知难而退，还能留得一条性命；假如獴不自量力，用老一套方法对付这两种毒蛇，那么它就会落得个可悲的下场。不仅如此，如果遇到了身体较大的眼镜蛇，獴也不能保持不败纪录。

你知道吗：能与獴媲美的捕蛇能手

自然界中的捕蛇能手并不少见，比如黄鼠狼和猫，它们的捕蛇技艺完全可以与獴相媲美。黄鼠狼在与蛇搏斗时非常勇猛；猫则是蝮蛇的克星，它常用前爪按住蛇头，蛇剧烈挣扎时放开一下，过会儿再按，直到蛇呜呼哀哉时才善罢甘休。野猪对五步蛇特别感兴趣，即便是又粗又大的五步蛇，它嚼起来也如同吃面条一般。有时五步蛇也会反扑过来，无奈野猪的鬃毛硬而长，很难咬入体内。全身短刺的刺猬，也是蝰蛇的冤家对头。刺猬的体力自然不如野猪，斗蛇时它总是悄悄地观察动静，乘蛇不留意时突然冲上去咬一口。蝰蛇怒气冲冲地要反击，它马上蜷缩成一团，竖起背面的刺，使对方望而生畏。待到蝰蛇企图退却时，刺猬又扑上去啮咬。经过几个回合，它便可将蝰蛇咬得体无完肤。

黄鼠狼也是自然界的捕蛇能手　图片作者：Mariomassone

吃尸体的秃鹫

1960年的一个夏天，寒气逼人的西藏山地，终于露出了一点春色。一位旅行者经过长途跋涉，感到非常劳累。他仰卧在碧绿的草地上，享受着难得的温暖阳光，渐渐地便睡着了。旅行者正在做着甜蜜的梦。突然，他被一种奇怪的声音惊醒了，迷蒙中睁开眼睛，只见无数可怕的黑影，在自己的头上盘旋。他大吃一惊，完全清醒了过来。原来，几米外的地方，立着十几只大鸟，它们用凶残的眼睛瞪着他，观察着他的动静。旅行者蓦地站起来，挥舞着猎枪向它们冲了过去。这些大鸟这才失望地跑了几步，一下子飞上了天空。

这是一些什么鸟呢？为什么旅行者见了会如此紧张？它们的大名叫“秃鹫”，这是猛禽中的“巨人”。秃鹫身材高大，它张开两只翅膀后整个身体有2米多长，0.6米宽。这种鸟力大无穷，使劲扇动翅膀起飞时，能在地面上刮起一股不小的旋风。秃鹫有个难听的别名，叫“狗头鹫”，也有人叫它“坐山雕”。这种猛禽容貌丑陋，小小的圆头上，有一双阴森森的大眼睛，巨大的嘴巴像大铁钩，脖子和头上光秃秃的，使人望而生畏。在世界上，西到地中海，东到亚洲东部，都有秃鹫分布，它们也在中国天山、阿尔泰山、喜马拉雅山一带活动。

猛禽秃鹫　图片作者：Antlewis

秃鹫常常站在悬崖峭壁或山峰突出的岩石上眺望，并不断发出“咕喔”的叫声。它喜欢吃牛、马、羊等大牲畜和人的尸体。由于食尸的需要，它那带钩的嘴变得十分厉害，可以轻而易举地啄破和撕开坚韧的牛皮，拖出沉重的内脏；裸露的头能非常方便地伸进尸体的腹腔；秃鹫脖子的基部长了一圈比

这些秃鹫正在吞吃大象的尸体
图片作者：Fallows C.， Gallagher A.J.

较长的羽毛，它像人的餐巾一样，可以防止食尸时弄脏身上的羽毛。在这些动物尸体中，有自然衰亡的，也有得病而死的，但秃鹫不管青红皂白，全都吞食。为什么它们不会被病菌感染呢？原因十分简单：秃鹫的体内能产生一些抗生素，使病菌无法发挥作用。于是，这种猛禽便成了大自然的"清洁工"。

美国鸟类学家斯图尔特博士曾在安达露西亚山区，亲眼看见100只秃鹫围食鹿的尸体的壮观场面。一只在空中翱翔的秃鹫，发现地面上有一具鹿的尸体，它就在尸体上空盘旋起来。其他秃鹫见了，也开始在附近盘旋。不一会儿，一只秃鹫"捷足先登"，它首先降落地面，长啸一声，扑在被阳光晒得滚烫的鹿尸上啄食起来。紧接着，8只秃鹫也俯冲而下，把头伸进鹿尸的腹腔，开始吞食内脏。几分钟以后，又有16只秃鹫从天而降，它们和先来的同伙把鹿尸团团围住了。这时，另外的几十只秃鹫飞来了，它们见地面上已无法插足，只得停息在附近的树上，把粗大的树枝压得垂了下来。这位动物学家数了一下，那儿的秃鹫竟有100只之多！

秃鹫的视觉非常灵敏，能在空中发现地上的动物。但是，它是怎样分辨活的动物和动物尸体的呢？

原来，秃鹫吃的大多是哺乳动物的尸体。哺乳动物在平原或草地上休息时，通常都聚集在一起。秃鹫掌握这一规律以后，就特别注意孤零零地躺在地上的动物。一旦发现目标，它便仔细观察对方的动静。如果对方纹丝不动，它就继续在空中盘旋察看。这种观察的时间很长，至少要两天左右。在这段时间里，假如动物仍然一动也不动，它就飞得低一点，从近距离察看对方的腹部是否有起伏，眼睛是否在转动。倘若还是一点动静也没有，秃鹫便开始降落到尸体附近，悄无声息地向对方走去。这时候，它犹豫不决，既迫不及待想动手，又怕上当受骗遭暗算。它张开嘴巴，伸长脖子，展开双翅随时准备起飞。秃鹫又走近了一些，它发出"咕喔"声，见对方毫无反应，就用嘴啄一下尸体，马上又离开。这时，它再一次察看尸体。如果对方仍然没有动静，秃鹫便放下心来，一下子扑到尸体上狼吞虎咽起来。

有时候，秃鹫飞得很高，未必能发现地面上的动物尸体。其他食尸动物如乌鸦、

秃鹫在空中滑翔 图片作者：Juan Lacruz

豺和鬣狗等的活动，就可以为这种猛禽提供目标。如果发现它们正在撕食尸体，秃鹫会降低飞行高度，作进一步的侦察。假如确实发现了食物，它会迅速降落。这时，周围几十千米外的秃鹫也会接踵而来，以每小时100千米以上的速度，冲向这顿美味佳肴。

动物学家发现，秃鹫在争食时，身体的颜色会发生一些有趣的变化。平时它的面部是暗褐色的，脖子是铅蓝色的。当它正在啄食动物尸体的时候，面部和脖子就会出现鲜艳的红色。这是在警告其他秃鹫：赶快跑开，千万不要靠拢。此时，一只身强力壮的秃鹫气势汹汹地跑来与之争食，如果它招架不住，无可奈何地败下阵来，只能离开原来的位置，这时，失败者的面部和脖子马上从红色变成了苍白色。而胜利者则趾高气扬地夺得了食物，它的面部和脖子也变得红艳如火了；失败者开始平静下来了，它逐渐恢复了原来的体色。根据这些体色的变化，人们便可以知道秃鹫体力的强弱了。

在猛禽中，秃鹫的飞翔能力是比较弱的，好在它找到了一种节省能量的飞行方式——滑翔。这些大翅膀的鸟儿，在荒山野岭的上空悠闲地翱翔着，用它们特有的感觉，捕捉着肉眼看不见的上升暖气流。它们依靠上升的暖气流，舒舒服服地继续升高，以便向更远的地方飞去。

奇闻轶事：鸟类中的“好丈夫”和“好父亲”

雄秃鹫非常爱自己的“妻子”和“儿女”。每天它都辛辛苦苦地四处觅食，一回到家里，马上便张开大嘴，把吞下去的食物统统吐出，先给雌鸟吃较大的肉块，然后再耐心地给幼鸟喂碎肉浆。秃鹫的胃口很大，每次都要吃到脖子都被装满为止。因而，雄鸟带回来的食物常被“妻子”、“儿女”吃得精光，它只能饿着肚子，拖着疲乏的身子，再一次离家外出，直到夕阳西下还在空中盘旋，寻找着食物。雄秃鹫不愧为鸟类中的“好丈夫”和“好父亲”！

啃食木材的昆虫

在中国湖北的荆江大堤上，曾经发生过这样一件事：一辆大卡车在堤坝上行驶，突然陷进了堤里。据卡车司机说，堤面好端端的，并没有什么损伤和缺口。那么，卡车是怎么掉入堤中的呢？后来经仔细检查，才真相大白。原来，罪魁祸首是白蚁。这是因为荆江大堤修建年代已久，白蚁在堤坝内建巢打洞，把窝洞弄得很大，可是大堤表面却没有一丝迹象，当卡车驶过白蚁窝的时候，便一下子陷了进去。

曾经在埃及发生的一场惨剧也和白蚁有关。有个农民在一块古坟地挖土时，惊动了穴中的白蚁。于是，几百万只白蚁浩浩荡荡地开进了城市。居民们见此情景便手足无措，竞相离去。结果，这个城市的不少建筑物都遭到了白蚁的破坏，到处都是梁倒柱裂、墙倾屋塌的凄凉景象。

白蚁是世界性的大害虫，遍布热带、亚热带地区。它们蛀食枕木、桥梁、房屋建筑和堤坝等。这种害虫最爱吃各种木材。有人做过一番计算：如果一窝白蚁有70万只的话，它们每天要消耗62克木材，一年下来就要消耗22千克。实际上，被损坏的木材是远远不止22千克的，因为白蚁不是把一块木材全部吃光，而是把木材蛀空成隧道，这样的损失自然就难以计算了。

白蚁蛀食木材 图片作者：Althepal

白蚁把木材吃到肚子里后，是怎么进行消化的呢？要知道，木材的主

被白蚁破坏的房屋　图片作者：Alton

白蚁群

要成分是纤维素，大多数动物都没有消化纤维素的能力。可是，白蚁的肠道里有一种原生动物——纤毛虫，这种纤毛虫能分泌出纤维素酶，帮助消化木材中的纤维素，使之变成糖，然后与白蚁一起分享所需要的养料。也许有人会问：白蚁肠道里的纤毛虫是从何而来的呢？是一生下来就有的吗？不是的，小白蚁肠道中的纤毛虫是老白蚁馈赠的礼品。老白蚁中的工蚁在给它们喂食时，把纤毛虫混了进去，于是这些纤毛虫便随着食物进入了小白蚁的肠道中。

在消化纤维素的过程中，白蚁和纤毛虫互相合作，相依为命，成了不可分离的好伙伴。有位科学家做了一个有趣的实验：把白蚁放在较高的温度下或高压氧气中，杀死肠道里的纤毛虫，但一点也不伤害白蚁。经过这样处理的白蚁，即使用纤维素喂食也会饿死，因为它们的肠道里已经没有纤毛虫了。

金龟子的幼虫，也会啃食木材。它的后肠有个膨大的“发酵室”，里面充满了细菌，这种细菌是昆虫吃烂木头时进入体内的。木材中的纤维素在发酵室里可以停留几周时间，先由细菌发酵分解，再由中肠分泌消化酶，这样，它才会成为金龟子幼虫的营养物质。

众所周知，蟑螂虽然很多东西都吃，但不吃木头。出乎人们意料的是，日本东京大学的昆虫学家松中忠夫，在考察冲绳、奄美、南九州等地时，竟发现了两种专门吃木头的蟑螂：这种蟑螂不像其他蟑螂那样在卵鞘内产卵，而是以每胎产仔20只的胎生方式生育后代。它们钻进木头营巢，而且只吃木头，像白蚁那样依靠在肠内共生的原生动物消化木材中的纤维素。胎生蟑螂过的是集群生活，每个家庭由“父母亲”照料、养育自己的“孩子”。生下来的小蟑螂常簇拥在“母亲”的肚子下面，靠吞吃“母亲”“反刍”的半消化食物长大。喂食时，小蟑螂不仅吞下了食物，而且吞下了食物中的原生动物，这就为往后独自谋生奠定了基础。

链接：揭示纤维素酶的全部奥秘

如今，世界上许多科学家正在努力研究纤维素酶，试图揭开其中的全部秘密。一旦这一研究取得成功，就能为人类利用纤维素开辟新的途径。

啃金属、饮眼泪的昆虫

自然界中的昆虫可以说是“什么都敢吃”，它们中既有吞食植物嫩叶和花蜜的，也有专食腐尸和牛粪的。

据我国古书记载，在昆虫世界里还有一些啃食金属的虫子。《岭南杂记》中记载了这样一个故事。1684 年，清代一个国家银库发现几千两银子不翼而飞了。官员们大为惊恐，以为被人窃走，便到处追寻踪迹。后来，人们在墙脚下发现一堆闪闪发光的银色粉末，扒开粉堆，里面有个白蚁窝。难道白蚁竟是盗窃犯？有人把它们放在炉内冶炼，居然炼出了银子。把炼出的银子称了一下，9/10 的银子已被追了回来。

白蚁啃食金属或许只是个偶然事件，但是确实有一些昆虫，比如蝙蝠蛾，是以啃食金属为生的。20 世纪 60 年代，日本架空通信电线上的铅质金属保护层常常遭到破坏，每年由此造成的通信故障多达二三百次。人们做了一番调查，原来罪魁祸首是蝙蝠蛾的幼虫。这种昆虫的幼虫只有米粒那么大，头部有一对大牙，以啃食铅为生。它们能在 10 多天的时间里，啃穿 1.5 毫米厚的铅质保护层。如今，在英国、法国、意大利和我国台湾等地，也可以发现蝙蝠蛾的踪迹。

更离奇的是，在东南亚一带还有一种专饮动物眼泪的昆虫，这就是善于飞行的嗜泪虫。它们在偷饮眼泪时，常常在动物眼睛下方来回飞行，注意对方是否发怒。如果动物没有什么动静，它们便飞到对方眼睛附近，吸取眼泪。较有经验的嗜泪虫，往往专找那些感觉迟钝、脾气温和的动物“下手”。

蝙蝠蛾　图片作者：J.J. Harrison

有些嗜泪虫另有一番“轻功”。它们有一

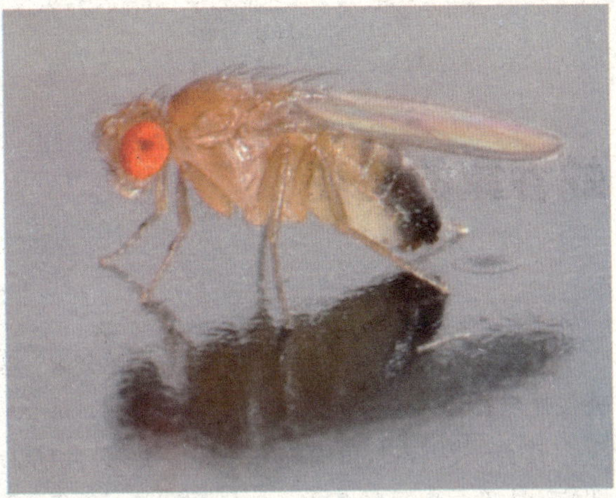
果蝇也有偷饮眼泪的嗜好
图片作者：André Karwath aka

对大翅膀，腿细而长，可以平稳地降落在动物的眼睛部位，不会使对方感到不舒服。还有一些嗜泪虫身上披着盔甲，既能飞又能跳。动物一有动静，它们就会从对方身上跳下来，速度之快令人惊讶。它们还会趁对方不注意时卷土重来，迅速跳回原处，继续津津有味地饮泪。

在所有的嗜泪虫中，最出色的要数马阿布飞虫了。它的头部是红色的，身体极小，腹部有两根较长的红毛，闪耀着金属般的光泽。因为身体细小，它们往往不容易被发现，因而屡屡得手。为了得到充足的眼泪，这种嗜泪虫常在动物眼睛四周乱叮一气，使对方疼痛难熬，泪水夺眶而出。这时，它们就可以畅怀痛饮了。不过，有时候也会乐极生悲，因为一顿饱餐之后容易行动迟缓，束手被擒，最后一命呜呼。

为什么嗜泪虫能用眼泪维持生命呢？首先，动物的眼泪中含有丰富的水分，特别是在干旱地区的炎热季节，眼泪成了嗜泪虫最理想的水源。也许有人会问：有时嗜泪虫的周围有水池和小河，为什么它们还要冒着生命危险去偷饮眼泪呢？这是因为动物的泪水中含有无机盐，而无机盐是昆虫及其他生物生命活动的必需物质。此外，眼泪中还含有蛋白质，这也是嗜泪虫必需的营养物质。这些昆虫的消化能力颇为惊人，有时动物有病的眼睛会产生一些上皮细胞和白细胞，嗜泪虫能把这些细胞也一古脑儿的消化掉。总之，对于绝大多数嗜泪虫来说，眼泪成了它们营养成分丰富的精美主食。

奇闻轶事：从偷饮眼泪变成吮吸动物体液

除了偷饮眼泪外，有时嗜泪虫也会吃动物的唾液、鼻液、皮肤黏液、血液和尿液等；有些还会叮动物的疮疤，极个别的嗜泪虫甚至会直接吮吸哺乳动物身上的体液。旱季来临时，不少嗜泪虫会从饮眼泪变成吃动物的体液。在饥肠辘辘时它们还会袭击人，吃人的眼泪和血液。

蛇吞象的奥秘

读者朋友们一定听说过“贪心不足蛇吞象”这句话，这是比喻一个人贪心不足，就像蛇想吞食大象一样。贪心当然不可取，那么蛇吞象是否可能呢？

其实，我国古代就有蛇吞象的传说。公元前2100多年，夏朝有个部落酋长后羿，即传说中弯弓射日的英雄。他最爱打猎，曾经在洞庭湖边杀死一条名叫“巴蛇”的大蛇，这条大蛇能将象吞入腹内。晋朝郭璞注释的《山海经》里，也有“巴蛇食象，三岁而出其骨”的记载。

蛇吞象的事，谁都没有亲眼见到过。可是，蛇吞羊、鹿、幼猪和牛犊的事，却时有发生。在中国西双版纳的原始森林里，傣族人曾经发现，一条6米长的蟒蛇

蟒蛇正在大口吞噬猎物　图片作者：Jens Raschendorf

潜伏在一棵大树上，这时正好有一只水鹿从树下路过，大蟒便从树上一跃而下，用长长的身躯把水鹿紧紧地缠绕起来，使水鹿窒息而死。然后，大蟒张开血盆大口，把水鹿吞进肚里。这时蛇身胀得又粗又大，它只能横躺在林中草地上，无法动弹。人们用一辆马车把大蟒和它腹中的水鹿一起拉回村寨，真是得来全不费功夫。

一条刚刚吞下鸟蛋的食卵蛇

1981 年，有人在非洲刚果的原始森林中，亲眼看到蟒蛇吞食狮子的情景。狮子到河中喝水，突然大吼一声，挣扎着沉入水中。过一会儿，一条头大如斗的蟒蛇冒出了水面，经过好一会儿，它才慢腾腾地爬上岸来。这条大蟒看上去有 10 多米长，腹部却胀得很大。噢，那肚子里装的不正是“森林之王”狮子么！

1982 年 10 月 21 日，香港新界地区有条蟒蛇闯进一个牛栏，把一头出生刚 4 天，重约 12 千克的牛犊吞了下去。大蟒的腹部鼓起一只小牛的形状，胃被牛腿撑破了，只有头和尾巴能够摆动。警方发现这条蟒蛇后，请来一名捉蛇专家，把冷水淋在蟒蛇身上，帮助它把小牛吐了出来。

蛇为什么能吞下比自己大几倍的动物呢？这是因为它们的体内有一套特殊的构造。我们人的嘴巴只能张大到 30° ，可是蛇的嘴巴却可以张大到 130° ，甚至 180° 。究其原因，我们嘴巴的骨头之间是用“榫头”联结成的，但是蛇却用韧带相互联结。这里，我们不妨做一个实验：人们烧饭时用的火钳，由于用榫头镶嵌着，火钳嘴就不容易张大；如果把火钳分成两爿，在原来镶嵌榫头的地方缚上橡皮筋，那它就可以开张自如了。蛇的嘴巴能张得很大，也是这个道理。

何况，蛇在吞食大动物之前，已经对动物作了加工：它缠绕猎物时，边缠边收紧，直到猎物窒息而死；然后，它把猎物挤成长条状便于吞下。

如果蛇捕到的是一只鸟，鸟的翅膀像两把展开着的折扇，那该怎么办呢？小个子蝮蛇吞食较大的鸟时，通常总是先吞鸟的头部。为了不让鸟儿滑出口外，蝮蛇

遇到猎物时，蛇能用长而有力的身躯把猎物活活勒死

左右两排牙齿交替做着一系列慢动作：左边的牙齿一动也不动，牢牢地将鸟钩住，右边的牙齿慢慢向前移，把猎物朝口中拉；接着右边的牙齿钩住食物，左边的牙齿向前推移……就这样慢慢吞食，鸟儿那对打开的翅膀，也就顺着一个方向收拢了。

蛇吞食大动物的时候，气管会被堵住吗？不会的。因为它喉头的开口处在口腔底部前方，这里也是气管开口的地方：当蛇吞食猎物时，可以活动的喉头伸到了口外，这样它就不必担心气管被堵住了。

大动物在蛇的肠子里会通行无阻吗？是的。要知道，蛇的胃和鸡、兔的胃不一样，它不是圆球状的，而是像一只长得出奇的袋子。蛇的肠子也和其他动物不一样，不是弯弯曲曲的，而是一条直通通的管道。笔直的肠子对于吞下较大的食物是十分有利的。

你知道吗：吞食大动物的代价？

当然，话又得说回来，蛇吞食大动物并不都是轻而易举的，有时还会付出很大的代价。人们有时会看到，蛇吞食大动物时，食物卡在口中，要吐吐不出，想咽又咽不下；或者弄得满口鲜血，牙折骨错。有时候，蛇虽然吞下了大动物，但动物的刺、骨却戳穿了蛇的肠子和体壁，使它万分痛苦。

动物的"化学武器"

1808年，拿破仑率兵远征西班牙。不久后，许多士兵的身上出现了莫名其妙的红斑。这究竟是怎么回事呢？军医几经周折才查明，那是一种甲虫的毒液引起的皮肤炎症。这种有毒甲虫被称为"炮虫"，能发射"化学炮弹"来抵御敌人，保护自己。

你看到过炮虫放"炮"的情景吗？一只青蛙遇上了炮虫，它目空一切地扑上去，趾高气扬地张开了血盆大口。谁知这看似已经到口的小动物竟然放起了"炮"来，一股毒雾从炮虫的尾部喷了出来，直射青蛙咽喉。青蛙被这一"炮"轰得晕头转向，只得垂头丧气地败下阵来。如果炮虫发现了身体比它大得多的昆虫，如蝼蛄等，它就会主动出击，快速跑到蝼蛄面前，用尾部对准蝼蛄，"轰"地一"炮"，蝼蛄顿时被击昏了，想逃逃不了，想溜溜不得，只好任其宰割和蚕食了。

炮虫为什么这般厉害呢？现在，昆虫学家已经揭开了其中的奥秘。炮虫是不少昆虫的形象称号，它们都是属于鞘翅目的昆虫。炮虫备有一种"化学炮弹"，它的作用原理与现代的毒气弹、窒息炸弹、火焰喷射器和火箭十分相似。就拿一种叫做气步甲的炮虫来说吧，它的体内会生产出许多"燃料"——过氧化氢和氢醌等，平时它们分别贮存在不同的地方。一旦发现大敌当前，或出现较大猎物，气步甲就立即收缩肌肉，将这些"燃料"一起挤入"点火室"。在那里，过氧化氢酶把过氧化氢分解成水和氧气，又使氢醌变成了有毒的醌，醌溶解在水中，在氧气的压力下猛然从尾部往外喷射。在猛烈的炮击声中，对手哪里招架得住，只得狼狈逃窜或束手就擒了。

据观察，炮虫能一口气连放12炮，还能分别向4个方向射击。一只炮虫如果几天内没有放过炮，那么它可以在4分钟内连发29个"化学弹"。

气步甲　图片作者：Patrick Coin

澳大利亚有一种银蕊虫，身长六七厘米，全身柔软，身体两侧长有20多个小孔。它白天躲在地里，

椿象身上的特殊气味使它“臭名远扬”

夜晚出来觅食。这种完全没有护身外衣的虫子，也拥有一种独特的“化学武器”。遇到敌害时，它会立刻从小孔里喷射出一种碱性液体，吓得来犯者赶快溜之大吉。

在哥伦比亚，有一种叫“布拉西努斯”的甲虫，尾部会喷射出一股高温液体，而且还会噼啪作响，就像小机枪在实弹射击似的。科学家发现，这种甲虫会通过化学反应，产生一股高压气雾，连同100℃的沸腾液体，一起射向目标。这种“化学武器”不但能将蚂蚁、螳螂、青蛙和老鼠等驱逐出境，连那些身披“盔甲”的犰狳也会望而生畏。

黄鼠狼也是发射“化学炮弹”的能手。这种动物又叫“黄鼬”，机灵而又狡猾。它的肛门附近，有一对臭腺，一旦遇到猎狗，一时难以脱身，黄鼠狼就会从臭腺里放出臭液。这种液体臭不可闻，能使猎狗一下子愣住，黄鼠狼则马上溜之大吉。

黄鼠狼的臭液还能用来捕食呢。刺猬是一种身体矮胖的小动物，遇到敌害时它会把身子蜷缩成一团，竖起背部的刺，使对方无从下手，只得灰溜溜地离去。对付刺猬，黄鼠狼是很有办法的。它对准刺猬头部蜷缩后露出的小孔隙，把臭液“注射”进去。不一会儿，刺猬就被麻醉了，身体慢慢松散开来，彻底解除了“武装”。这时，黄鼠狼立刻扑上去，把刺猬咬死，津津有味地吞食它那鲜美的肉。

奇闻轶事：臭鼬的“化学武器”

白鼬、灵猫和臭鼬等都有这种本领。其中，最厉害的要数臭鼬了。顺风的时候，它喷出的臭液，能把恶臭味传到500米之外的地方。许多动物远远地看到了臭鼬，会马上离开，唯恐避之不及。猎狗闻到这种臭气后，会直流鼻涕，不愿继续前进。连勇敢的猎人也不愿接近臭鼬，因为这种臭味实在令人难以忍受。凭借这种“化学武器”，臭鼬可以大摇大摆地在森林里走来走去，显得十分威风。

乖巧可爱的白鼬是使用“化学武器”的高手

电鱼发电

到达美洲的第一批西班牙人，虚构了一个故事，说在南美大陆的丛林中，有一片极为富饶的地区，那里的树木上都挂满了纯金。为了寻找这个天然宝库，由西班牙人迪希卡率领的一支探险队，沿亚马孙河逆流而上，来到了一大片沼泽地的边缘。时值旱季，沼泽几乎干涸了，只有远处的几个小水塘在正午阳光的照射下闪烁着光亮。

探险队来到了小水塘边。这时，探险队雇佣的印第安人大惊失色，眼中充满恐惧的神情，他们说水下有怪物，拒绝从很浅的池水里走过去。迪希卡命令一位西班牙士兵，做个样子给印第安人看看。于是，这位士兵满不在乎地向水中走去。可是，才走了几步远，他就像被谁重重地打了一下似的，大叫一声倒在地上。他的两个伙伴冲上前去救他，也同样被看不见的敌人打倒在地，躺在泥水之中。几个小时以后，见水中毫无动静，士兵们才小心翼翼地走到水里，把 3 个伤兵救了出来。可是，这时他们 3 人的脚都已麻痹了。

后来，人们才知道，这个藏在水下的凶狠的怪物就是淡水电鳗。南美的电鳗是一种大型的鱼，它的模样像蛇，体长 2 米多，重达 20 多千克。平时，电鳗一动不动地躺在水底，有时也会浮出水面。电鳗会发电，能使小虾、小鱼和蛙等触电而死，然后饱餐一顿。当它遭到袭击的时候，也会立即放出电来，一举击退敌人的进攻。3 位士兵被击倒，是因为电鳗把他们当成来犯的敌人，因

电鳗和蛇长得很像，能放出强烈的电流
图片作者：Steven G. Johnson

电鳐　图片作者：Philippe Guillaume

而放出强烈的电流。电鳗不仅用放电来猎取食物和对付敌人，还将放电用于水中通信和导航。有人发现，当雄电鳗接近雌电鳗时，水中的电流强度会发生变化。这是它们在“打招呼”呢。

其实，放电的本领并不是只有电鳗才有。如今人们已经发现，在世界各地的海洋和淡水中，能放电的鱼有500多种，像电鳐、电鲶等，人们将这些鱼统称为“电鱼”。电鱼既能放电，又能根据反射回来的电信号，准确判断出几米远的地方游来的是同伙、朋友，还是竞争对手、猎物或求爱者，以便采取不同的对策。

有一种非洲电鲶，能产生350伏的电压，可以击死小鱼，将人、畜击昏；南美洲电鳗可以称得上是“电击冠军”了，它能产生高达880伏的电压；北大西洋巨鳐一次放电的功率，竟然能把30个100瓦的灯泡点亮。

为什么电鱼能放出这么大的电流呢？科学家经过一番仔细的解剖研究和实验，终于发现在电鱼体内有一种奇特的电器官。各种电鱼的电器官的位置和形状都不一样。电鳗的电器官分布在尾部脊椎两侧的肌肉中，呈长棱形；电鳐的电器官像两个扁平的肾脏，排列在身体两侧，里面是由六角柱体细胞组成的蜂窝状结构，这六角柱体就叫电板。电鳐的两个电器官中，共有200万块电板。电鲶电器官中的电板就更多了，约有500万块。在神经系统的控制下，电器官便放出电来。单个电板产生的电压很微弱，但由于电板的数量很多，所以产生的电压就很可观了。

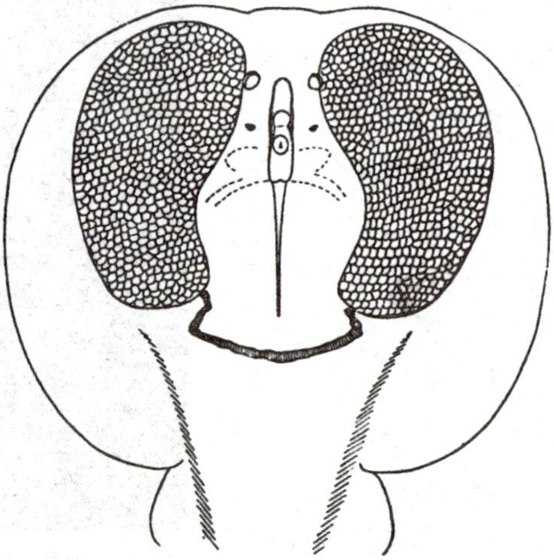
电鳐的电器官一左一右，像两个扁平的肾脏

有趣的是，世界上最早、最简单的电池——伏打电池，就是19世纪初意大利物理学家伏打，根据电鳐和电鳗的电器官设计出来的。最初，伏打把一个铜片和一个锌片插在盐水中，制成了直流电池，但是这种电池产生的电流非常微弱。后来，他模仿电鱼的电器官，把许多铜片、盐水浸泡过的纸片和锌片交替叠在一起，这才得到了功率比较大的直流电池。

对电鱼的研究，可以给人们带来很多好处。例如，一旦我们能成功地模仿电鱼的电器官在海水中发出电来，那么，船舶和潜水艇的动力问题便能得到很好的解决。

小资料：会发电的象鼻鱼

一些科学家打算模仿电鱼的发电机理，创造出新的通信仪器。在这方面，象鼻鱼可以提供宝贵的启示。象鼻鱼是生活在非洲中部河湖中的一种电鱼，它的鼻子特别长，有点像大象鼻子，所以人们就叫它"象鼻鱼"。这种鱼的电器官在尾部，它的背上有一个能接收电波的东西，好像雷达的天线一样。当敌人迫近到一定距离时，反射回来的电磁波被背部的电波接收器收到后，就会发出敌情警报。这时，象鼻鱼便急忙溜走。

象鼻鱼的鼻子又细又长

水中恶魔

在南美的一些河流中，有一种被人们称为“水中恶魔”的动物。这不是鲨鱼和鳄鱼，而是一种特别凶猛的锯齿鲑。西班牙人叫它“皮拉纳鱼”，印第安人称它“皮拉尼亚”，意思是牙齿锋利的鱼；也有人因为它凶猛如虎，就叫它“虎鱼”。

其实，这种鱼并不大，身长只有10多厘米。这是一种扁形小鱼，背部呈深褐色，腹部呈银白色，夹杂着黑色斑点。它头大背高，下颌突出，长着三棱形的尖齿。锯齿鲑总是成群结队地游弋，搜寻猎物。

亚马孙河是南美的第一大河，在那儿锯齿鲑最为多见。1914年，巴西有位村民骑着骡子过一座窄桥，突然骡子失足，带着村民一起落入水中。还不到半个小时，人和骡子就已被蜂拥而来的锯齿鲑啃食殆尽。

有人曾目睹锯齿鲑吞食骏马的悲惨场面：一匹高大的雄马在渡河时，被锯齿鲑团团围住了，马儿挣扎着逃上了岸，但它的下半身已被啃得露出了骨头，最后它

亚马孙河是世界上流域面积最广的河流　图片作者：Lubasi

锯齿鲑

倒地死去了。

1976 年 11 月，当地发生了一起锯齿鲑吃人的惨剧。一天中午，一辆满载乘客的公共汽车正在亚马孙河的支流乌鲁布河上摆渡，由于风很大，水面激起阵阵波涛，摆渡船剧烈摇晃起来，结果这辆公共汽车连人带车滑入河中。9 个小时后，救援人员赶到出事现场，发现车中 38 人全部遇难，他们被锯齿鲑啃食得只剩下累累白骨。

有锯齿鲑出没的河流，已成为人、牲畜涉水渡河的禁区。当地人为了把牛群赶过河去，别出心裁地想了个办法：先将一头老病牛一连砍上几刀，然后赶入水中，锯齿鲑闻到血腥味便飞速赶来，围着老病牛狼吞虎咽地吃起来；这时，人们马上把牛群赶到上游处抢渡过河。

锯齿鲑为什么这么厉害？这是因为它的头骨，特别是颚骨十分坚硬，上下颚的咬合力大得惊人，可以把钢制的钓鱼钩一口咬断。其他鱼类当然就不是它的对手了。平时在水中称王称霸的鳄鱼，一旦遇到了锯齿鲑，也会吓得缩成一团，翻转身体，仰面朝天，把坚硬的背部朝下，立即浮上水面，使锯齿鲑无法咬到腹部，这样才可以躲过一劫。

然而，嗜杀成性的锯齿鲑，对于自己的后代却是非常慈祥的。雌鱼在水草中产卵后，雄鱼便在鱼卵周围游来游去。小鱼孵化出来后，它们还守候在旁边，唯恐发生什么意外。直到小锯齿鲑学会了游泳，并有一定攻击能力时，它们才依依不舍地离去。

锯齿鲑口中的牙齿尖尖的，非常锋利　图片作者：Andrewself

奇闻轶事：对付水中恶魔的妙法

当地人用锯齿鲑的牙齿做箭镞　图片作者：Sarefo

尽管锯齿鲑凶暴残忍，敢于袭击人和牲畜，使人闻风丧胆，不寒而栗，但是聪明的印第安人仍然有办法对付它们。他们把一种毒藤皮捣碎，撒到锯齿鲑栖息的河中，锯齿鲑吃了它，就会因中毒而昏死过去。这时印第安人就划着小船把这些半死不活的鱼统统捞上来，烤而食之，剩下的鱼颚骨也可以利用一番，用来当梳子或制成剪刀，剪树枝，裁兽皮。至于锋利的牙齿，还可以装在箭杆上做箭镞呢！

大海中的“剑侠”

1886年11月，一场奇特的官司轰动了整个英国。英国“德列道特”号轮船遭到剑鱼袭击，在海上遇险，损失茶叶2000吨。为此，船长向法院起诉，要求伦敦保险公司支付一笔巨额保险金，以赔偿损失。

事情的经过是这样的：“德列道特”号轮船在斯里兰卡首都科伦坡装好茶叶后，启航驶回伦敦；在航行途中，水手们钓到了一条剑鱼，想不到这个“俘虏”并不容易被驯服，为了挣脱鱼钩，竟一头撞在船舷处，刹那间，只听见一声巨响，轮船被击得左右摇摆，水手们东倒西歪，站立不稳，包有铜皮的船板被戳穿，海水马上涌进船舱……

这的确是一起奇特的海上遇险事故。伦敦保险公司认为，鱼撞坏船闻所未闻，因而拒绝赔偿。结果，官司一直打到英国皇家法院。法院为了查明事件的真相，在开庭时特别邀请了自然科学家里加尔出庭。这位科学家在做了一番调查后，得出结论：船上的窟窿的确是剑鱼撞击造成的。最后，保险公司不得不赔偿了损失。在这以后，这个公司便把剑鱼攻击船只所造成的损失，也列入了保险项目中。而当时被剑鱼戳穿的一块包着铜皮的船板，至今还陈列在英国博物馆里。

剑鱼又叫“箭鱼”，生性好斗，是一种食肉鱼类。一条成年的剑鱼可长达三五米，重约500千克。它嘴的前面长着一支“利剑”，既坚固又锐利，于是，海洋生物学家给它取了个雅号——大海中的“剑侠”。

剑鱼的“剑术”是很高明的。遇到不太厉害的对手，它会“先发制人”，速战速决，以一“剑”穿心结束战斗；然后用长剑挑起猎物，飞快地向前游上几十分钟，直到猎物完全窒息，才摇头摆尾，用力挥“剑”，使猎物脱“剑”而出。此时，它便可以美美地饱餐一顿。要是碰上鲨鱼、虎鲸等强大的对手，剑鱼就采用“后发制人”的策略，能躲就躲，实在无处躲避，便突然返身，杀个“回马枪”，整个身子像冲击电钻那样快速旋转，“长剑”就会在鲨鱼或虎鲸躯体上钻出一个大洞来，

剑鱼

遇上虎鲸这样的对手，剑鱼也会退让三分

使敌手一命呜呼或带着重伤仓皇逃跑。

剑鱼是大海中有名的游泳健将，它的最高时速可达120千米，能与陆地上的飞毛腿——猎豹相媲美。同时，剑鱼又是出色的水上跳高能手，能跃出水面达8米之高。在非洲的西海岸，有人看到：一只以捕食海鱼为生的海鸟——塘鹅，正在离海面五六米的空中盘旋；突然，一条剑鱼蹿出水面，“利剑”穿透塘鹅后，一起落入水中。这种水中“飞剑”击水鸟的精彩场面，常令人叹为观止。

为什么剑鱼会有如此惊人的力量？动物学家通过研究揭示：这种鱼身上的肌肉十分发达，它的心肌非常结实，即使被大渔叉刺中，心脏仍能跳动很长时间。萨普·斯特朗是西西里岛一带出名的捕捉剑鱼的能手，曾捕获过几百条大剑鱼。1992年7月，年近40的斯特朗又用渔叉刺中了一条特别大的剑鱼。眼看胜利在望，不料这位身经百战的勇士却乐极生悲，被剑鱼拖入海中，同时接连被刺中三“剑”，最后勇士和“剑侠”一起悲壮地同归于尽。

你知道吗：为何剑鱼的“长剑”在实施攻击时不会剑折身亡

据测定，剑鱼的“长剑”在实施攻击时，反冲击力可高达150千克左右！为什么它能承受这么大的冲击，而不至于“玉石俱毁”，剑折身亡呢？原来，剑鱼的头部就是一个天然的优质防震器：“长剑”基部的骨头有蜂窝一样的结构，孔隙中充满了油液，好像是多孔的冲击波吸收器；剑鱼头盖骨的骨头结合紧密，又与“长剑”的基部连成一片。正是这种结构，使剑鱼能经受住很强的冲击力，在汪洋大海中横冲直撞，称王称霸。

剑鱼的头部是个天然的优质防震器 图片作者：Postdlf

动物世界中的“小偷”

蜜蜂很小，但是它的蜂房却是攻不破的堡垒。身圆腰粗的熊，可算是动物中的大力士了。可是一旦它袭击蜂房，也会在组织严密的蜂群攻击之下，被弄得鼻青眼肿，最后只得狼狈逃窜。

要知道，蜜蜂王国有着严格的“保卫制度”。不管是白天黑夜，还是寒冬酷暑，机警万分的“哨兵”总是守卫在蜂房的门口。“外来者”要想偷偷摸摸地溜进去，几乎是不可能的。

可是，有一种叫“鬼脸天蛾”的昆虫却不信这个邪。这种昆虫的翅膀和腹部呈黑色和黄色，背部有像鬼脸一样的黄白斑纹。它就有本事混入蜂房，在那里敞开肚皮，尽情地吃那香气四溢的蜂蜜，直到“酒足饭饱”才大摇大摆地离开蜂房，还从来没受到过惩罚。

蜂房戒备森严 图片作者：Waugsberg

鬼脸天蛾背部有个像鬼脸一样的斑纹　图片作者：Anaxibia

那么，鬼脸天蛾究竟使用的是什么法宝呢？在蜂房里，蜂王有着至高无上的地位。蜜蜂和蚊子、苍蝇一样，是靠翅膀振动发声的，蜂王的声音是不同于“平民百姓”的。现已发现，鬼脸天蛾会模仿年轻蜂王的“嗓音”，发出一种特别急促的声音。鬼脸天蛾在进蜂房时，就模仿年轻蜂王的声音，这种声音对于蜂群来说，就像是有魔力的咒语一般，使它们肃然起敬，俯首帖耳。于是，这个行窃者不费吹灰之力，便进入了蜂房，并且可以痛痛快快地饱餐一顿，再安然离去。

有些蜘蛛也靠行窃谋生。巴拿马一家热带研究所的生物学家在研究森林中各种动物的关联时发现，有一种小蜘蛛同大蜘蛛的关系十分奇特：小蜘蛛经常“行窃”，而“失主”却是与它们生活在一起的大蜘蛛。

大蜘蛛用结实的蛛丝编织大网，但这种蛛丝是没有黏性的，这就给小蜘蛛打开了方便之门。小蜘蛛把自己织的网一头挂在大网上，另一头连着自己的身子。当果蝇等小虫子落入大网后，大蜘蛛往往发现不了，或是嫌猎物太小，不屑一顾。小蜘蛛却闻风而动，飞快地扑了过去。最后，它弄死了小虫子，把食物拖到蛛网边，狼吞虎咽地吃起来。

有时候，小蜘蛛还会偷走大蜘蛛已经弄死，并用蛛丝裹着的猎获物。此时，这个惯偷往往爬到大蜘蛛存放猎物的蛛网中央，搭上自己的蛛丝，再跑到网边上，偷偷地把食物拉到自己这儿。一般情况下，小蜘蛛干这些事都是趁大蜘蛛不在的时候，小蜘蛛是根据大网的振颤，来判断食物的主人在不在。

科学家把这种现象称为“盗窃寄生”。显然，大蜘蛛因为这种“共处”而蒙受损失，无力编织大网的小蜘蛛却因此而获得莫大的好处。许多生态学家认为，这种相互关系在动物世界中是相当少见的。

你知道吗：蚂蚁王国的小偷

然而，无独有偶，在蚂蚁王国里竟然也有这类小偷，那是生活在苏联草原地区的一种小偷蚁。它们似乎非常愿意和红蚁做邻居，常常在红蚁巢的附近建造自己的巢穴，然后再专门挖掘一些细小的通道，直达邻居的住处。小偷蚁是一种个子很小的蚂蚁，它们会利用这种狭窄的暗道闯入红蚁的巢穴，偷袭邻居的幼虫和蛹，抢来后就饱餐一顿。对于这伙小强盗，个子较大的红蚁毫无办法。因为小偷蚁动作敏捷，会很快地钻进小洞或缝隙里，令红蚁束手无策。一旦红蚁追上前去，狠毒的小偷蚁会突然反扑过来，把红蚁团团围住。怒气冲冲的红蚁在地上滚动着，试图咬住敌人，向对方喷洒毒汁。可是这伙小强盗十分机灵，它们东躲西闪，让红蚁连连扑空。与行窃的小蜘蛛相比，这种小偷蚁似乎更加凶猛。它们与红蚁之间的关系，也是一种盗窃寄生的关系。

红蚁虽然个头大，但是对小偷蚁也无可奈何

会使用工具的动物

长期以来，人们总以为人是世界上唯一会使用工具的动物。实际上，使用工具并非人类的专利。

有些鸟也会使用工具。啄木燕生活在太平洋的加拉帕戈斯群岛上，这是一种灰色的小鸟，爱吃小昆虫。它常常用细长的尖嘴啄树木，寻找食物。一旦发现躲在树孔里的虫子，它就把树皮啄穿，从里面啄出小虫子来充饥。有时候洞孔太深了，尖嘴无能为力，啄木燕就会设法寻找工具——纤细的树枝条。它衔着细枝条的一端，把另一端伸进洞去，将小虫拨弄出来，然后饱餐一顿。如果一时间找不到理想的工具，啄木燕会挑一根比较合适的细枝条，然后自己动手，进行一番加工：如果枝条过长，就用嘴截去一段；如果枝条上有丫杈，便用嘴把它啄掉。

颇为有趣的是，遇上得心应手的工具，啄木燕在一次用完后不会轻易丢弃，而是经常带在身边。在树林里飞翔时，它的嘴里总是衔着一根细枝条，这细枝条成了小鸟不轻易离身的“法宝”。只是在用尖嘴啄树干时，它才把细枝条暂时寄放在树缝里。

石块也成了鸟类取食的工具。有一种画眉鸟最爱吃粘在树上的蜗牛，可是，单凭它的小嘴，是无法啄破蜗牛的外壳的。于是，画眉用嘴衔着小石子使劲敲击蜗牛壳，直到敲碎外壳，从中取出雪白肥嫩的美食。

在非洲的热带草原上，也有一种会使用工具的鸟。这是一种中型猛禽，名叫白兀鹫。这种鸟不仅吞食动物尸体，还吃鸵鸟蛋。鸵鸟蛋的壳既厚又硬，白兀鹫的嘴和爪子是无法打破它们的。这种猛禽就发明了一种“高空轰炸法”：用双爪紧紧抓住一块重 300 克左右的石块，然后飞到 80 ~ 100 米的高度松开双爪，让石块从空中落到鸵鸟蛋上，一举将蛋打破。在使用工具方面，白兀鹫不愧为高手。它那轰炸法的命中率几乎是百分之百，它选择的空

画眉 图片作者：Ltshears

白兀鹫掌握了一套独特的“高空轰炸法”
图片作者：Nidhin Poothully

中高度也是非常理想的，因为如果飞行高度低于80米，鸵鸟蛋不一定会被打破；如果飞得太高，就会把鸵鸟蛋打得稀巴烂，使蛋液流得满地都是。而从80 ~ 100米上空掉下来的石块，正好能将鸵鸟蛋打开一条裂缝，以便白兀鹫把嘴伸进去吸个痛快。

海獭使用石块的技艺，也并不逊色。在北太平洋的阿留申群岛和堪察加半岛沿海，有时人们可以看到成群的海獭浮出海面，一个个翻转身躯，肚子朝上仰游着。它们把随身携带的石块放在腹部当砧板，然后用前肢抓住捕获的海胆或蟹，在“餐桌”的石砧上用力敲击。外壳击碎以后，海獭便慢吞吞地翻过身来，悠然自得地品尝新鲜的海味。

使人感到奇怪的是，海獭使用的石块都是方形或长方形的扁平石块：这里的道理是显而易见的——圆形的石子容易从海獭的腹部滚下来，而扁平的石块却能稳固地放在上面。可是，海滩上的石子多半是卵圆形的，这种扁平的石块是十分难觅的。由此可见，海獭在挑选工具上也花了一番工夫。

在使用工具方面，小白鼠也是颇为出色的。美国有位心理学家做了一个有趣的实验。他在墙的左侧和右侧，分别设置了两个悬空的棚架。左面棚架上放着香喷喷的乳酪；有一架扶梯搁在右面棚架上，由此可从地面登上这个棚架；天花板上吊着一只篮子，正好在两个棚架的中间。实验开始前，心理学家用链条把篮子连在右棚架上。小白鼠走进了实验室，它闻到了乳酪的香味，恨不得一步登上左棚架……饥肠辘辘的小白鼠东张西望地察看着，它看到了那架扶梯，便沿着扶梯走上了右棚架。怎么才能跑到左棚架上去呢？突然，它发现了“渡船”——那只篮子。小白鼠拉动链条，

海獭平仰在水面上，把腹部当桌子，放上石块当砧板
图片作者："Mike" Michael L. Baird

黑猩猩不愧为使用工具的行家，它能用树枝“钓”白蚁吃
图片作者：Mike Richey

篮子马上像荡秋千那样来回摆动起来。这个机灵的小家伙猛地跳进篮子，一下子荡了过去。它终于如愿以偿地登上了左棚架，津津有味地享用着乳酪。

在动物世界里，黑猩猩可算是使用工具的行家了。德国动物心理学家克勒尔在大西洋的加那利群岛，为黑猩猩设置了一个实验基地。他把一串香蕉挂在一间空屋的天花板上，屋里放着一只空木箱。黑猩猩“粉墨登场”了，它见到了香蕉，急于想吃，可是偏偏又拿不到。黑猩猩在屋里来回踱步，好像在“思考”怎么解决这个难题。忽然，它发现了木箱子，就连忙把箱子搬到香蕉下方，站在木箱上。这时它伸出“手”去取，发现离香蕉还有半米的距离。于是，这只黑猩猩使劲往上一跳，把香蕉拿到“手”了。如果屋里放着两只木箱，黑猩猩就会把它们叠起来，站在上面去取挂在高处的香蕉。似乎它也懂得，两只箱子堆起来要比一只箱子要高得多。

后来，克勒尔又做了一个实验。他把香蕉放在栅栏外黑猩猩够不到的地方，同时在它的身旁放一根棍子。看到不远处有香蕉，喜出望外的黑猩猩自然会伸出“手”来，可是无论如何也够不着。黑猩猩无可奈何地发出了悲叹声。不一会儿，它注意到了身边的棍子，就如获至宝地抓起来，试探着伸至栅栏外。经过一番拨弄，它终于得到了味美可口的香蕉。接着，克勒尔把食物放得更远一些。这时，黑猩猩会设法把两根棍子连接起来，将食物拨到自己的面前。

知识窗：在使用工具上的人兽之别

需要指出的是，同样是使用工具，人使用工具和动物使用工具是有本质区别的。动物使用工具是它在长期进化过程中，为了自身的生存、繁衍，经过自然选择而具有的一种行为，这种行为在很大程度上是一种本能的、无意识的行为。而人使用工具是随着人类社会发展而产生的一种有意识、有目的的行为，人类正是因为会使用工具，才能够去认识世界、改造世界。

狐的捕食术

狐，尖嘴大耳，长身短腿，身后拖着一条长长的大尾巴。人们习惯于把它称为“狐狸”。实际上，狐和狸是两种不同的动物，不能混为一谈。

狐有赤狐、灰狐、白狐等，广泛分布于北美、欧洲、亚洲和非洲的森林、草原、灌木丛和丘陵等地区。这是一伙贪得无厌的家伙，它们主要吃老鼠和兔子，也吃蛙、鱼、鸟，甚至连鸟蛋、昆虫、动物尸体和浆果等也“来者不拒”。

狐是狡猾的。在不同场合，针对不同的捕食对象，它们会采取不同的策略。

赤狐的杀过行为，是人们比较熟悉的。何谓杀过行为？这是指一些凶残的肉食性动物，一次杀死的猎物远远超过了自己的食量。赤狐常在夜间闯入家禽棚舍，把农民饲养的鸡、鸭统统杀死。荷兰的一位动物行为学家，夜晚曾守候在农村的一个鸡舍旁，亲眼见到一只赤狐跳进鸡舍，只不过10分钟光景，便把里面的12只小

狐的分布非常广泛，北极狐生活在北极的冰天雪地里

赤狐 图片作者：Jonn Leffmann

鸡全部斩尽杀绝。最后，这个残忍的家伙却只带走了1只小鸡，把11只死鸡留在屠杀现场。在暴风雨之夜，赤狐常潜入黑头鸥的栖息地，把几十只鸟逐个咬死，既不吃也不带走，“得意洋洋”地空嘴而去。

狐为什么会有杀过行为呢？有的动物学家认为，这是因为它们凶残成性的缘故。也有科学家解释说，这只不过是一种偶然现象，当狐接近猎物时，受害者往往会惊慌失措，四处逃窜，在受害者这种行为的刺激下，狐就会一反常态，大砍大杀起来。

如果说在杀过行为中，狐采用的是“斩尽杀绝”的策略，那么捕食昆虫时它们使用的便是“顺手牵羊”的战略。当狐发现地上有可食的昆虫后，它会不慌不忙地走上前去，低头用嘴叼起毫无反抗能力的昆虫，一口吞下肚去。要是遇到会跳跃或飞行的昆虫，狐会把鼻子伸进草丛里搅来搅去，或用前爪拍打灌木丛四周，将这些昆虫赶出来，然后张口一个个吃掉。

然而，捕食小鸟或松鼠，要比捕食昆虫吃力得多。这时，狐会采用偷袭的方法。它像猫捉老鼠那样，蹲下身子，匍匐前进，尽量隐蔽自己的行踪，同时头部始终面对小鸟或松鼠，目不转睛地盯着猎物。它先是轻步向前，然后加快步伐，最后会向猎物跑去。几乎是在小鸟起飞或松鼠逃窜的同时，狐发起了攻击：它突然一跃而起，向猎物猛扑过去，一口咬住了对方。

鼠类和兔子是狐最喜爱的食物。然而，这些动物十分机灵，只要四周稍有风吹草动，就会钻入洞穴或岩缝，一下子消失得无影无踪。因此，在捕猎鼠、兔时，狐煞费苦心，施展了自己的全部技能。整个捕猎过程，是由寻迹、窥探、潜近和猛扑组成的“四部曲”。

首先是寻迹。野兔和鼠类会在走过的地方留下足迹，狐常常沿着这些足迹寻找猎物。鼠、兔常以植物为食，一旦在它们行经的路旁发现植物生长茂盛的地方，那么这个地方往往也就是鼠、兔频繁出没之地，这就为狐提供了捕食目标。此时，沿着这些足迹悄无声息地寻觅，就可以神不知、鬼不觉地逼近猎物，又不会“打草惊蛇”。

为了防范狐等天敌，兔子会精心准备自己的巢穴

其次是窥探。一旦发现鼠、兔的出没之地，狐会低下头去，利用灵敏的嗅觉，根据猎物遗留的气味，确定鼠、兔隐藏在何处；或者抬起头来，轻微转动头部，眼观六路，耳听八方，探测猎物所在的方位。

第三是潜近。狐发现了猎物的精确位置后，会蹑手蹑足地潜近追逐，到了可以最后冲刺的地方，便蹲伏下来，做好伺机猛扑的准备。

最后是猛扑。通常，狐的出击地点离猎物只不过 4 ~ 8 米。到达出击地点后，狐即以迅雷不及掩耳之势，猝然一跃扑向猎物，使对方成为自己的腹中之物。

有时候，狐还会联合起来，共同设计，智取猎物。两只狐在荒野中发现了“目标”，便装疯卖傻，假装打架，扭成一团。附近的鸟和兔子等赶来看热闹时，冷不防狐跳将过去，凑热闹的动物就这样稀里糊涂地成了狐的果腹之物。

又比如，狐看到一群鸭子在戏水，它用瓜子将一些枯草抛进水中。枯草慢慢地漂向鸭群，鸭子并不在意。狐嘴里衔着枯草悄悄地下水，向鸭群游去。等游近了，狐突然从枯草下猛扑过去，顷刻间一只鸭子便葬身狐口了。

狮子狩猎术

在传说、故事和史书中，狮子是“百兽之王”，是力量和尊严的象征。你看它，身材魁梧，毛皮金黄，昂首挺立，十分威严。然而，和其他动物相比，狮子也有一些弱点。比如，它们的奔跑速度不快，每小时只能跑50~60千米，而且维持不了多久。许多有蹄类动物都比它们跑得快、跑得远。显然，在狩猎时狮子是不能靠速度和耐力取胜的。

在长期的生存斗争中，狮子学会了高度机动、行之有效的狩猎术。这就是出其不意，克敌制胜。

在狮子家族中，九成以上的捕猎任务都落到了母狮的头上。蹑足而行的母狮，那步法、那身姿、那屈伸自如的技巧，那纵身一跃的爆发力，都显示出了狮子的王

当之无愧的“百兽之王” 图片作者：Kevin Pluck

母狮的奇袭让猎物措手不及　图片作者：Schuyler Shepherd，Norro

者风度。

母狮善于利用荒野里现成的障碍物，如灌木丛、蚁山、猴面包树等来隐蔽自己。当它突然从这些隐蔽物后面探出半个身子时，谁也不知道它来自何方，在那里究竟隐藏了多久。

当母狮发现并跟踪猎物时，它会尽量把身子压得低低的，在草丛中小心翼翼地潜行。此时，它那金黄色的毛皮下，肌肉收缩得起了一层层皱褶。它会一边蹑足前进，一边密切注视猎物的动静。要是前面的猎物突然停止吃草，抬头向四周扫视，母狮马上会意识到对方发现了异常，于是便蜷缩成一团，屏息凝神，同时伸出一只前爪，做好应变准备。待到猎物重新埋头吃草或转身走开时，母狮就继续跟踪。如果它胸有成竹，相信对方不会发觉自己，就还会小跑几步，缩短与猎物之间的距离。

万一惊动了猎物，母狮便索性将计就计，摆出迷魂阵，落落大方地坐在地上，若无其事地环顾四周，好像它根本就没发现什么猎物似的。

要是一切顺利，母狮就继续跟踪下去，悄悄地接近猎物，直到突然跃起，发动袭击。

动物学家发现，在狮子的食谱中，一半以上是豪猪等中小型哺乳动物及未成年的大动物。其实，狮子最爱吃的是野牛，特别是1000千克重的雄野牛。当然，要对付这样的庞然大物，一头母狮往往力不从心，所以它们只能“集体行猎，围而

团队作战大大提升了狮群的攻击力　图片作者：Caelio

歼之”了。

将捕获的猎物置于死地，对狮子来说简直易如反掌。狮子浑身是劲，有着锋利的牙齿和爪子。粗大而锐利的犬齿，是狮子谋生的主要武器，也是它进食的“餐刀”。一旦落入狮子之手，动物就别想逃脱了。狮子口中的四枚犬齿上下交错，紧紧咬住猎物，在利爪的配合下，很快就能把猎物杀死。狮子的臼齿也很发达，齿面上下相合，形如剪刀，能咬穿又厚又硬的牛皮，还可以割裂最坚韧的兽肉。狮子的舌头也十分厉害，上面长着坚硬锐利的角质倒刺，可以把猎物骨头上的肉刮得干干净净。

在与其他动物格斗时，狮子会用一只前爪猛击对方，把猎物打翻在地；有时它还会用两只前爪抓住猎物，用力拖或拉，使之摔倒。对于体形较小的动物，如旋角羚羊等，打倒在地后，狮子会咬其后颈，使之一命呜呼。对于中等体形的动物或大动物，狮子会将对方击倒后，或用前爪扼住它的喉部，咬断气管，使之命归黄泉；或抓住对方口鼻，紧紧捂住，令其窒息。

你知道吗：狮子的进餐顺序

一旦猎物死去，便被狮子当做战利品抬到树阴下或僻静处。通常情况下，狮子会按一定顺序进餐：从下腹部将猎物剖开，先吃内脏，再吃后腿，接着吃前腿。在饥饿的情况下，狮子用餐时就顾不上这些顺序了。狮子进餐时还有个规矩：要把猎物胃里的东西掏出来，用草埋起来。这究竟是为什么，至今还是个谜。

幸运的大蜥蜴

1912年，人们在印度尼西亚的科摩多岛上，发现了一种体长3米的大蜥蜴——科摩多龙。这是目前世界上最大的蜥蜴，印度尼西亚的另一些岛上也有分布。它全身披鳞甲，四肢粗壮，尾巴很大，有点像鳄鱼。这一庞然大物的模样显得狰狞可怕：巨大的头上，长着两只闪烁逼人的大眼睛，嘴巴中长着锋利的牙齿，粗脖颈的四周，是层层叠叠的厚皮肤。

德国著名动物生态学家海因兹·齐尔曼，在文章中描述了初次遇见科摩多龙时的情景。树林中突然传出了阵阵枯叶的簌簌声和干树枝的折断声，伴随着响声，一只庞然大物忽然出现在草地上，它迈着沉重的步子，深陷的双眼发出阴森的目光。巨大的头颅很像鳄鱼，但伸出的舌头却像剑一样细长分叉。它的爪子非常锋利，像四只巨大的耙子，这是蜥蜴类防卫和进攻的武器。看它那不可一世的样子，仿佛只

科摩多龙有着鳄鱼一样的头，蛇一样的舌头和锋利的爪子 图片作者：Mark Dumont

科摩多龙粗壮的尾巴一扫，足以一举打断山羊的双腿　图片作者：Dezidor

有它，才是科摩多岛上唯一的主人。

科摩多龙是怎样捕食的呢？从树林里慢悠悠地爬出一条科摩多龙，它偶尔发现了卧在水塘边的山羊。科摩多龙吐着舌头逐渐向山羊靠拢。山羊毫不畏惧地迎上前来，它来了个“先发制人”：猛地一弹后蹄，朝科摩多龙的右脑门撞去。谁知科摩多龙在与野猪较量时早已领教过这一手，它趁山羊再次竖起后蹄，打算发起第二次进攻时，用粗壮的尾巴使劲一扫，试图一举打断山羊的双腿。然而，山羊也是久经沙场的老将，它成功地避开了科摩多龙的闪电般袭击。然而，山羊毕竟不是科摩多龙的对手：当科摩多龙的尾巴第三次扫来时，山羊被打倒在地。可怜的高等哺乳动物被低等爬行动物——科摩多龙捕杀了。

现已发现，科摩多龙是一种不挑食的肉食性动物。幼年的科摩多龙主要以昆虫、小型哺乳动物、爬行动物和鸟类为食；成年的科摩多龙主要吃野猪、鹿和水牛等大型哺乳动物，有时也吃鸟蛋、小动物和动物的腐尸。科学家从在岛上发掘到的化石得知，早在距今200万年以前，科摩多龙已生活在这些岛上，当时那里根本没有野猪、鹿和水牛，这些动物是5 000年前由人类带到岛上来的。那么，那时候的科摩多龙是以吃什么为生的呢？

研究表明，距今200万年前这些岛屿上只有四种较大的动物：竹鼠、大龟、俾格米象和科摩多龙。据考证，科摩多龙不会去捕食大龟，因为大龟有甲壳保护，科摩多龙很难吃到壳内的龟肉。竹鼠实在太小，填不饱肚子，科摩多龙自然也不感兴趣。剩下的只有俾格米象了，它身高1.15 ~ 1.50米，体重相当于一头河马的2/3，可以让科摩多龙饱餐一顿。科学家根据大量事实断定，距今200万年前的科摩多龙主要以吃俾格米象为生。身体肥胖、不善于奔跑的科摩多龙，采用的是“守

动物腐尸是科摩多龙喜欢的美味　图片作者：Mats Stafseng Einarsen

株待兔”的捕食方法：它们埋伏在俾格米象经常出没的地方，等猎物经过时，再突然用大尾巴一扫，把对方击倒。

知识窗：幸运的科摩多龙

俾格米象早已灭绝，为什么科摩多龙却没有因食物匮乏而消失呢？原来，这是一种极为幸运的大蜥蜴，它们身怀能捕获多种动物的绝技，一旦理想的美味——俾格米象完全灭绝，它们便果断地更换口味，去捕食新的猎物，特别是后来被人们带上岛屿的野猪、鹿和水牛等大型动物。正是这种极强的适应能力，使得科摩多龙能够历经200万年风雨，依然存在于地球上，而不像恐龙那样成为地球生物舞台上的匆匆过客。从这点来说，科摩多龙不愧为幸运的大蜥蜴。

谋食篇思考题

1. 狮子是百兽之王吗？
2. 为什么老虎只能吃肉？
3. 动物的牙齿都长在嘴巴里吗？
4. 青蛙吞食时为什么要眨眼睛？

避敌篇

动物世界充满着血腥的厮杀。于是，一些身单力薄的动物便“打肿脸充胖子”，在进化历程中练就了一套虚张声势的“保命术”。也有些动物摇身一变，成了会变色的魔术师，或大名鼎鼎的隐身高手。随着岁月的流逝，它们的求生术和伪装术等，已达到炉火纯青的地步。

最有趣的虚张声势者，要数一种无毒的小蜥蜴了。一旦受到威胁，它会给自己“打气”：用空气使躯体胀大两倍，显示出不可一世的模样。万一对方真要发动进攻，这种小蜥蜴会抢先钻进石头缝里，再把身体胀大。这么一来，再厉害的动物也无可奈何了。

最有名的隐身高手，莫过于竹节虫了。这种昆虫生活在竹林中，它的翅膀已经退化，无法靠飞行逃避鸟类的攻击。好在它的身体和“脚”长而纤细，又身披黄绿色的“外衣”，爬在竹枝上活像一枝枯竹的枝条，让敌害真假难辨，难以发现。

最善于变换体色的动物，莫过于面目可憎的变色龙了。这种动物个子不大，变色的本领却十分了得：一昼夜间可变换六七种颜色。在绿叶丛中它是绿色的，爬到沙漠中又突然变成了黄色。变色龙能随着不同的环境而改变自己的体色，因而，敌害很难发现它，猎物却往往因失去警惕而自投罗网。

打肿脸充胖子

有一种蛙叫鸡蛙，身长20厘米左右，据说可吞食小鸡，并因此得名。这种蛙平时用后腿蹲着，一旦受到大动物的威胁，便鼓起肚皮，撅起屁股，用四肢把身体支撑起来。这样一来，它的个子就变得与来犯者不相上下了，完全可以与之打斗一番。南美洲有一种蛙，遇到危险时能使肺部充满空气，一下子变得腰圆膀粗，然后张大嘴巴向敌人步步紧逼。

澳大利亚褶领蜥不愧为虚张声势的行家里手。这种蜥蜴体长1米左右，颈部有一圈皮领，上面覆盖着鳞片，由软骨支持着。在争斗时，它会把褶领展开，刹那间脖子周围仿佛张开了一把伞，使自己的个子看似增大了一倍，再加上它那张牙舞爪的样子，使对手不免害怕起来。平时，颈部的这圈皮领可以像伞那样折叠起来。动物学家们认为，这一奇特的皮领可能还有帮助吸收声波、散热和吸热等作用。

最有趣的虚张声势者，莫过于卡克瓦拉蜥了。这种无毒的小蜥蜴在受到威胁时，会给自己“打气”：用空气使身体胀大两倍，显出一副很强大的样子。万一对方真要发动攻击，这种小蜥蜴会“先下手为强”，在对方采取行动之前，马上钻进石头缝里，再把身体胀大。这样一来，别的动物就只能干瞪眼了——无论怎么拉它也拉不出来。其实，只要用尖棍刺穿小蜥蜴的皮肤，这个倒霉的家伙立刻就变得像泄了气的皮球，可以轻而易举地被拽出来。

在美国加利福尼亚州、得克萨斯州和墨西哥的沙漠地区，一种丑陋不堪的小动物成了深受孩子们喜爱的宠物。它的外貌有点像蟾蜍，头部和身上又长着许多角刺，所以人们就称它“角蟾”。其实，这是一种蜥蜴，因而又称“角蜥”。

这种蜥蜴在争斗时会突然展开颈部的皮领

角蜥是一种弱小动物，它逃避敌害的方法十分奇特。在生死存亡的紧急关头，它会大量吸气，把肚皮鼓得很大，使身上一根根角刺都

角蜥的头部和身上长着许多“刺”　图片作者：Pierre Fidenci

竖立起来；有时还从眼睛里喷射出像血一样的液体，射程长达一两米，把敌人吓得惊惶失措，夺路而逃。角蜥那“气壮如牛”、“血眼喷人”的模样，看起来十分可怕，实际上只不过是虚张声势，借以吓唬一下对方罢了。

在海洋中也有这样的动物。刺鲀是一种奇怪的鱼，浑身上下长着坚硬的棘刺，活像一只陆地上的小刺猬。平时，这些棘刺就像其他鱼类身上的鳞片，平贴在身上，滑溜溜的，不容易被察觉。一旦大敌当前，刺鲀就会张大嘴巴，把海水和空气大口大口地吞下肚去，使身体变得圆鼓鼓的，棘刺也随着膨胀的皮肤立即竖立起来，就像一只带刺的大皮球。“球”内充满了空气和水，刺鲀便肚皮朝天，漂浮在水面上，还不时从嘴里发出“咕咕”声。

遇到危险时，刺鲀会吞下海水和空气，把自己变成一只刺球
图片作者：Ibrahim Iujaz

这种恐吓战术虽然无损于敌害的一根毫毛，却能有效地用于防身。那些凶猛的海洋动物，如双髻鲨等，遇到了虚张声势的刺鲀，即使馋涎欲滴，也无计可施，最后只得悻悻地游走。警报解除以后，刺鲀就把吞进去的海水和空气吐出来，恢复自己本来的面目，棘刺倒伏，紧贴身上。随后，它慢慢地沉向海底。

你知道吗：为什么身单力薄的动物要“打肿脸充胖子”呢？

动物为什么采用“打肿脸充胖子”的战术呢？这是因为，在动物界，个子的大小往往表示体力的强弱。在一般情况下，动物的躯体越大，就显得越神气，也就越容易把对手吓倒。

隐身妙法

事情发生在巴西的热带密林里。一位游客在小河旁停住了脚步，聚精会神地注视着水里的树叶，只见那一片片红色的树叶，漂浮在碧波荡漾的小河中，流光溢彩，晶莹夺目，充满了诗情画意。

这时，有位动物学家正好路过这里，他注意到游客专注的表情后，便走上前去："先生，你大概在欣赏水上的'树叶'吧！""这里实在太美了！"游客点了点头，情不自禁地赞美起来，"真不知道这么多漂亮的树叶是从哪棵树上掉下来的？"

动物学家发出了爽朗的笑声："朋友，这里面有些压根儿就不是什么'树叶'。不信的话，你捞几片上来看看。"那游客听后感到迷惑不解，他把手伸进河水里，正要去捞附近的"树叶"，一件意想不到的事情发生了：那"树叶"竟开始逆水漂动起来。

叶形鱼的身体扁扁的，活像一片树叶
图片作者：Kenpei

动物学家这才把真相一五一十地告诉了他。原来，这是大自然变的魔术，如果你不仔细观察，准会受骗上当。实际上，小河里有两种树叶：一种是真树叶，这就是红叶树上落下来的老叶；一种是假树叶，是一种叶形鱼冒充的"树叶"。叶形鱼的身体扁扁的，活像一片椭圆形的树叶；它的头部前面长着一个尖形的吻突，好像树叶的叶柄；叶形鱼身上的横侧线，犹如从叶柄那儿延伸出来的叶脉。初看上去，这种鱼简直跟真树叶没有什么两样。不过，当地的居民是很熟悉这种叶形鱼的，他们只要看上一眼，就能把叶形鱼与树叶区分开来。他们常把叶形鱼捉来放在水缸里，观赏它那频繁摆动的鱼鳍。这种鱼的鳍很小，而且是无色透明的，所以在水里游动时，人们就不容易察觉。有时候，这种鱼还会一动不动地躺在河底，就像一片沉落水底的树叶。

竹节虫隐身在交错的竹枝中　图片作者：Alan Gilchrist

叶形鱼为什么要装扮成树叶呢？这是动物的隐身妙法，是动物适应环境、保护自己的一种特殊本领。生物学上把这种本领称为“拟态”。叶形鱼模仿树叶的形状，就可以避开敌害的袭击，无忧无虑地生活在水中。

木叶蝶是伪装枯叶的高手　图片作者：Quartl

其实，善于隐身的动物还真不少呢。海洋中有一种鹿角鱼，头顶上长着一个角，草绿色的身体上有着梅花鹿似的花斑，扁长的身子像个纺锤，圆圆的小嘴像个瓶口。它们常和海藻生活在一起，特别是在休息时，总是把“瓶口”贴着海底，那扇子般的尾巴倒竖着，不断地摆动着，活像漂动的海藻。生活在浅海海底的毒鲉，体表红色，有暗色斑纹。它常将大半个身体埋在泥沙里一动也不动，宛如沙里的石块。

在动物世界中，最有名的隐身高手要数竹节虫了。它的身体细长，三对纤细的胸足紧贴在身体两侧，全身分节明显，生来就像竹枝。平时，它的前足常攀附在竹叶的基部，后足紧抓竹节，纹丝不动地停息着。在竹枝交错的地方，竹节虫便把胸足伸展开来，有时还轻微抖动几下，仿佛习习微风吹拂着竹林。这种昆虫爱吃蔷薇的嫩叶，不过它的食量不大，每次只是像吃点心似地略微填一下肚子。所以，竹节虫永远不会挺胸凸肚，始终能保持苗条的身材，因此也就可以惟妙惟肖地模仿竹枝挺拔的外形。

在亚洲东南部的森林里，人们常常可以发现木叶蝶的踪迹。这是一种身长 3 厘米、翅宽 8 厘米的花蝴蝶。在以假乱真方面，这种昆虫也很有能耐。它翅膀两面的色彩截然不同：背面在黑绒般的底色上，镶嵌着红褐色或棕黄色的花纹；腹面是枯黄色的，有好几条网络状的浅色脉纹。

木叶蝶停息在花朵、树干上，或污水塘边的时候，便将双翅平铺在背上，很像一滩变色的污泥。当遇到鸟类追赶时，它会立即寻找合适的停留场所——阔叶树扁圆形的枯叶枝干，迅速停息下来。此时，它那灰褐色的身体紧贴在枝条上，三对胸足靠在身体两侧，并紧紧抓住树干，双翅合拢竖起，枯黄色的翅面简直与枯叶一模一样。待到鸟类赶来时，一时间真假难辨，只得扫兴地离去。

小资料：会模仿枯叶的枯叶蛾

借助枯叶形状隐身的昆虫，并非只此一种，体色枯黄的枯叶蛾也会模仿枯叶。停息时，它的一对前翅在背上隆起。边缘带齿的后翅自前翅下方伸出来，很像枯叶的边缘；一对颚须尖而长，一起伸向头的前方，宛如离开枝条的叶柄。有的枯叶蛾更加巧妙，翅面上还有不同颜色的斑纹，活像枯叶上的一点点病斑。

斑马的斑纹

在非洲的热带草原上，人们可以尽情欣赏各种野兽的风采：狮子的威武，大象的稳健，羚羊的俏丽，长颈鹿的英俊，真是生机勃勃，美不胜收。然而，更令人叹为观止的，要数漫山遍野的斑马群了。那黑白分明的条纹，彩缎般发亮的皮色，那仰天长嘶的声威，奋蹄飞跃的身影，以及浩浩荡荡的阵势所勾勒出来的壮观场面，会使人精神振奋，耳目一新！

你听过斑马“唱歌”吗？它们的歌声虽然没有鸟儿的歌声那么婉转动听，但也别具风格。

斑马的毛皮黑白分明、光洁秀丽　图片作者：Sajjad Fazel

细纹斑马身上的斑纹更细密 图片作者：Greg Hume

当斑马心满意足的时候，会发出响亮而悠长的喷鼻声，歌声充满喜悦之情；当斑马被袭击或被撕咬时，会唱短促而尖厉的悲歌，歌声哀伤、凄惨，催人泪下；当幼马离群、迷失方向时，它们的歌声是拖着长调的哀泣，同伴们听到后，会四处寻觅这可怜的孩子。

不过，人们最感兴趣的还是斑马那美丽的斑纹，这些条纹黑白相间，光洁秀丽。有人曾经这样描述过：白的条纹，白得闪光；黑的条纹，乌黑发亮；它们整齐匀称，朴素大方，简直像艺术家精心描绘的图案。

现在的斑马可以分成3种：山斑马、普通斑马和细纹斑马。它们“外衣”上的条纹，

条纹不太明显的南非斑马灭绝了

各不相同。细纹斑马是斑马中个子最大、形态最美的一种，它身上的条纹又细又密，整齐美观。它的背脊上有一条很宽的纵纹，腹部白色，四肢的条纹更加细密。山斑马是斑马中体形最小的一种，身上的条纹粗而少。普通斑马个体的数量最多，它的条纹宽大而且环绕全身。

斑马的条纹是一种“护身符”。因为黑白条纹在阳光或月光的照射下，吸收和反射的光线各不相同，这样可以使斑马的身体轮廓变得模糊起来，远远望去，很难将它同周围环境分辨开来，也就不容易被猛兽发现了。通常，狮子是在黄昏或黎明时狩猎的。一旦狮子发现了斑马，对方黑白分明的条纹，往往使狮子难以判断自己与斑马之间的距离。如果对方是一匹正在运动的斑马，那么准确估计它的实际位置和运动速度，就更加困难了。

斑马的斑纹还能帮助它抵御采采蝇的叮咬。采采蝇是非洲一种传播昏睡病的有害昆虫，经常叮咬马、羚羊和其他草原动物。奇怪的是，它们却很少骚扰斑马。为了揭开其中的奥秘，几位动物学家在津巴布韦做了一个有趣的实验。他们在几只大铁桶上分别涂上黑色、白色和黑白相间的条纹，然后将铁桶接通电流，藏在灌木丛中。几天以后，动物学家发现，涂有黑白条纹的铁桶上，触电而死的采采蝇最少。原来，明显的黑白条纹，会使采采蝇眼花缭乱，从而自动飞走了。

斑马的斑纹是在漫长的自然选择中逐渐形成的。一些条纹不太明显的斑马，容易暴露目标，先后成了猛兽的腹中之物。而条纹明显的斑马，由于适应环境，最终生存了下来。

你知道吗：斑马身上的不同斑纹是怎样出现的？

近年来，生物学家从斑马的胚胎发育中，初步找到了答案。他们认为，所有的斑马一开始都具有相同的条纹，在雌斑马怀孕的早期，这种条纹形式已经在胚胎中出现了。此后，在胚胎发育的过程中，由于身体各部分伸展扩大的程度不同，生下来的小斑马身上的条纹便宽窄不一，就不完全一样了。

变色的魔术师

在大海中，一只乌贼被一群凶残的狗鱼团团围住了。只见乌贼左右招架，时而喷出浓厚的墨汁，时而用触手拼命抽打，结果仍无法突破重围，看来已是凶多吉少了。见时机成熟，狗鱼发起了总攻，像饿狼似地蜂拥而上。不料，乌贼却突然失踪了。狗鱼上上下下地搜索开了，足足闹了半个小时，却连乌贼的影子也没找到。

乌贼究竟躲到哪里去了呢？原来，它正安安稳稳地躺在海底养神呢！乌贼有一套神奇的变色本领：明明是黑色的身躯，转眼间已是浑身赤红，一会儿又成了褐色或黄色。那么，乌贼是怎样变色的呢？仔细观察一下新鲜的乌贼，就可以发现，它的表皮上有黑、红、褐等色素细胞。这些色素细胞的周围有放射状的肌纤维丝，可以使色素细胞伸缩自如。于是，乌贼通过神经调节，就可以根据周围环境，随心所欲地变换身体颜色了。刚才这只乌贼在危急关头，能够神不知、鬼不觉地突然沉入海底而不被敌人发现，靠的就是这种变色的本领。

乌贼可以在一秒钟内从伪装色（上）变为普通的黄色（下）
图片作者：Nick Hobgood

在动物界，会变换体色的动物并非只有乌贼一种。在古巴热带森林的树枝上，成群地栖居着彩色蜗牛，在明媚的阳光下，它们的外壳辉映着美丽的光泽，远远望去，仿佛一簇簇怒放的花朵。有趣的是，身披华丽服饰的蜗牛，从一种树木爬到另一种树木上时，它的外壳颜色也会随之发生变化：有时候像颗晶莹的绿翡翠，有时候却像颗瑰丽的红宝石。彩色蜗牛可以让自己外壳的色彩与周围环境的颜色协调起来，使鸟类不容易发现自己，从而免遭被吞食的厄运。

牛蛙也会随着环境的变化而变换自己的体色。古巴的牛蛙大多是草绿色的，因为古巴地处热带，植物葱郁；但是古巴牛蛙一旦到了日本，由于那里是温带气候，冬季较冷，体表就变成了灰黑色；而生活在南美洲红壤上的牛蛙，则纷纷披上了"红装"；上海郊县饲养的古巴牛蛙，伏在泥地上的体表呈灰黑色，而待在绿草丛中的体表却是草绿色的。

石斑鱼的变色能力就更强了。这是一种海洋鱼类，能随着环境色彩的变化而不断变换体色：从黑色变成白色，从黄色变成绯红色，从红色变成淡绿或浓褐色；与此同时，它身上斑点和纹线的色彩，也会时而变得深一些，时而又显得浅一些。

最善于变换体表颜色的动物，要数被人们称为"伪装之王"的变色龙了。俄国作家契诃夫写过一篇名叫《变色龙》的短篇小说，其中有这样的情节：在广场上一条小猎狗把金饰匠的手指头咬了，巡官奥楚蔑洛夫立即就要把它弄死，还要让狗主人受罚；当有人告诉他这条狗可能是将军家的狗时，他就改口说，那么小的狗不可能咬人的手指；有人又告诉他这不是将军家的狗时，他又变过来称狗是"下贱坯子"，要叫它断气；当又有人说那是将军家的狗时，在他眼里，这条狗又成了"娇贵的动物"；当将军家的厨师证实这不是将军的狗时，他又翻脸斥责这狗是"野狗"，干脆"弄死它算了"；不料，厨师又证实这是将军哥哥的狗，这时他又忙不迭地为狗捧场，"好一条小狗"，"怪伶俐的"，甚至"脸上洋溢着含笑的温情"。在这里，巡官奥楚蔑洛夫见风使舵、翻来覆去的神情，和变色龙实在太相像了。

受惊吓的变色龙变成了黑色　图片作者：Rickjpelleg

大自然中的变色龙，也是个面目可憎的家伙。它的学名叫避役，浑身灰黑色，布满了疙瘩。

在绿叶中变色龙变成绿色，使自己“隐身”
图片作者：Chiswick Chap

变色龙的个子不大，身长大多只有 20 ~ 30 厘米，最大的也不过 60 厘米。这种动物不愧为变色的“魔术师”，在绿叶丛中它是绿色的，爬到沙漠中又一下子变成了黄色……动物学家做过一番观察，在一昼夜中，变色龙可以变换六七种颜色：深夜时黄白色，黎明时暗绿色，阳光下黝黑发亮，发怒时斑斑点点，在温暖而不透光的环境中身披“绿装”，温度下降一些就变成浅灰色了。变色龙能随着不同的环境改变自己的体色，这样，敌害很难发现它，猎物却往往因失去警惕而上钩。

变色龙的秘密就在表皮上。在那里，有一个变幻无穷的“色彩仓库”：上面是黄、绿色素细胞，紧接着是蓝、红、橙、紫色素细胞，最深层则是具有棕黑色素的黑色素细胞。这种黑色素细胞能把黑色素扩散到全身上下，盖住了其他色素，使变色龙的体表变成黑色。当绿色素细胞增大，盖住蓝色或其他色素细胞时，变色龙的表皮就显出柔和的绿色。

你知道吗：变色龙为“招摇过市”而变色 ?

然而，最新的研究成果告诉我们：变色龙变色绝不是单纯为了与环境的色彩保持一致，有时候，这种动物改变体色是为了使自己格外引人注目。比如，雄变色龙遇到异性后，嘴唇会发黄，以便博得对方的欢心。当发现毒蛇、狐猴等敌害时，变色龙会一反常态，突然披上鲜艳的“五彩衣”，使敌人觉得：这是个高深莫测的家伙，还是避开为好。

动物的合群

动物大多不甘寂寞，它们常成群生活在一起，这在生物学上叫做合群。

中国云南洱海边的苍山脚下，有一片幽静的翠绿树丛，树丛中有一潭清澈的水泉——蝴蝶泉。春天，泉边茂密的枝叶上，常聚满了五彩缤纷的蝴蝶。它们一只衔着一只，舒展双翼，成串地从枝叶上垂挂到水面，宛如紫罗兰一串串悬挂下来。

中国青海湖的西北部有个鸟岛，长不过 500 米。在这一头大一头小的长形岛屿上，栖息着 10 多万只鸟。其中，有肥大的斑头雁，有健飞的棕头鸥和鱼鸥，还有贪婪的鱼鹰。众鸟纷飞时，黑压压的一大片，显得十分壮观。

世界上不少山洞已成了蝙蝠的“家”。一个山洞里往往住着几千只，甚至几万、几十万只蝙蝠。它们纷纷倒挂在洞壁和洞顶的岩石上，犹如刻在岩石上的浮雕。

动物为什么要成群结队地生活在一起呢？首先，合群是觅食的需要。人们发现，

众鸟纷飞 图片作者：Mdk572

成群鸟类一起觅食的效率，要比单独个体觅食高得多。在辽阔的鸟类栖息地区，只有集群的鸟才能更有效地发现密密麻麻的昆虫、鱼群、成熟的果实和种子等食物。因为在成群觅食的鸟类中，只要有几只甚至一只鸟找到了食物，其他的鸟很快就会得到信息，并蜂拥而来。相比之下，独来独往的个体寻找食物，可能就像“大海捞针”那样困难很大。

动物合群的第二个原因是为了自卫。在鱼类世界中，大约有一半鱼喜欢成群结队地活动。它们大多是小鱼，合群是抵御大鱼进攻的最好对策。因为当大鱼气势汹汹地冲过来时，它们可以四散逃窜，使敌害顾此失彼，不知先捕食哪条鱼好，这就增加了小鱼逃生的机会。固然鱼群的目标比单独一条鱼要大得多，但反过来，正因为目标庞大，足以“遮天蔽日”，在光线昏暗的海水中，往往会使大鱼难以分辨每一条具体的小鱼。

英国生物学家克里斯·巴纳德博士认为，动物合群的这两个目的常常是有机地联系在一起的。他对鸟类的合群做了深入地研究：单独一只鸟在觅食时，总是左顾右盼，密切注意周围的动静，以免遭到突然袭击；许多鸟在一起觅食，情况就不同了，只要有一只或几只鸟发现敌害，它们马上就能逃之夭夭，这么一来，它们就能比较安心地觅食，用于觅食的时间也就相对增加了。

成百上千的鱼儿聚集在一起，使得大鱼难以追捕任何一条小鱼
图片作者：Matthew Hoelscher

巴纳德博士考察了一座农庄的300只麻雀，它们在撒满了麦粒的旷野和庭院进食。在庭院里觅食要比在旷野里安全得多，因为它的敌人雀鹰难得飞近庭院，而旷野里却随时可见敌害。记录材料表明，旷野里的麻雀进食时左顾右盼的时间，要比庭院里的雀群多一倍，每次进食的时间也很短，还不到100秒。在同一个地方进食，

角马成群结队地寻找食物　图片作者：Winky

麻雀群越大，顾盼的时间就越短。也就是说，合群使鸟类增加了安全感，有利于它们进食。

动物合群还有其他一些好处。比如，大雁南飞时常成群结队，排成“人”字形或“一”字形。在长途飞行中，它们既扇动翅膀，又常常利用空中上升的气流滑翔，因为这样可以节省体力。当前面的大雁鼓动翅尖，产生微弱的上升气流时，后面的大雁就可以利用这股气流的冲力，在高空中滑翔。因而，合群迁飞有利于大雁保持体力。

你知道吗：蜜蜂合群可调节环境温度

对于变温动物来说，合群有时会有利于调节周围的温度。就拿蜜蜂来说吧：夏天，蜂巢里比较热，蜜蜂们就振动翅膀，用“通风”的方法来降低内部的温度；冬天来了，蜜蜂又会聚集成一大团，用来减少体温的散失。

群猴越“狱”

1982年的中秋之夜，中国科学院上海实验动物中心的一群恒河猴越“狱”逃跑了。

那天晚上，秋高气爽，云淡风轻，月光分外明亮，四周显得特别宁静。这时，关在7号铁笼里的一只大母猴开始蠢蠢欲动了。这只大母猴平时胆大过人，善思多谋，早把饲养员的一举一动都看在眼里，记在心上。此刻，它感到逃离牢笼、重获自由的时机已到，便模仿饲养员的动作，把铁笼门打开了，还“鼓动”同笼的一只母猴带着小猴一起逃跑。

随后，这只大母猴一不做二不休，又学着饲养员的动作，将8号铁笼门的弹簧铅丝卸去，拉开铁栓，推开笼门，把里面的“囚犯”都放了出来。它还打开9号铁笼，放走了2只怀抱幼猴的母猴。最后，它使出看家本领，把猴房的大铁门也打开了。就这样，这群猴子在大母猴的带领下，一溜烟越过围墙，逃之夭夭了。

第二天清晨，人们知道这个情况后感到十分震惊。有人发现，7号笼里仍有一只小猴子，那是“组织”越“狱”的大母猴的孩子，也许是当时母猴过于慌乱，忘记带走了。饲养员们知道，母猴是离不开自己的亲骨肉的，于是便作了一番布置。

一天傍晚，大母猴果然回来了。它刚踏进第一道门，便掉入饲养员设下的陷阱，大母猴又成了“阶下囚”。为了防止它再次逃跑，饲养员加固了铁笼门，还绕上了一根粗铅丝。谁知这只狡猾的大母猴，在重入牢笼的当天晚上，竟然带着自己的孩子又一次溜之大吉了。这次越“狱”，又有11只猴子逃走。人们万万没有想到，平时俯首帖耳、

张望 图片作者：J.M.Garg

惟命是从的猴子，竟能组织这么出色的集体逃跑行动。

饲养员们在围墙内心急如焚。他们怕这群猴子窜入市区为非作歹，惊动市民，更怕这批实验动物失散或遭到伤害。

怎样捉拿这批逃犯呢？他们想用麻醉枪捕猎，可是枪针粗长，弄不好会伤害这群价值不菲的实验动物。

最后，人们根据猴子恋家的习性，安排了一个诱捕计划：打开猴房大门和笼门，开亮电灯，在走廊和笼子的明亮处，放上香喷喷的苹果；人们手拿拉门的细绳，躲在暗处，等待它们自投罗网。

人们原以为这一计划天衣无缝，猴子一定会中计。偏偏关在附近牢笼的猴王，把这一切都看在眼里了。它不愿自己的"臣民"再次落入牢笼，便在笼中不停地跳跃和呼号，这么一来就把天机泄露了。

饲养员把这个"通风报信者"打入了"冷宫"。外逃的猴子没见到猴王的动静，便以为"平安无事"了。一个冒失鬼经不住苹果的诱惑，闯进笼去。只听得"咔嚓"一声，大门关上了，这只鲁莽的猴子束手被擒。众猴见此情景，吓得魂飞魄散，四处逃窜，哪里还敢再去吃什么苹果？

怎么对付这批机灵鬼呢？有人想起《水浒传》里"智取生辰纲"的故事，便准备请猴子尝一尝"蒙汗果"。他们把麻醉药粉涂在切开的苹果上，再把苹果合拢

母子情深　图片作者：Aiwok

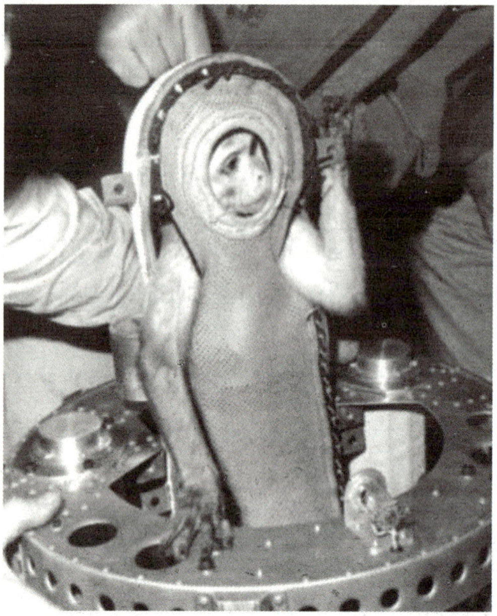

聪明的猴子曾充当航天员进入了太空

复原，悄悄地放在围墙上。夜幕降临了，外逃的猴子大多已饿得发慌，它们纷纷跳上围墙，抓起苹果往嘴里塞。半小时以后，药性发作了，尝过“蒙汗果”的猴子，都迷迷糊糊，跌倒在地，束手待擒了。不久，绝大多数逃亡者都被捉拿归案。越“狱”事件的主谋，7号笼里的那只大母猴负隅顽抗，带着一只幼猴逃到三楼，最后也被赶来的人群活捉。

然而，美中不足的是，还有一只母猴和一只幼猴成了“漏网之鱼”。它们并不是母子俩，这只尚未归案的母猴是个十足的“糊涂蛋”，它带走的竟是别人的孩子。

几天几夜过去了，那只母猴日夜思念着身陷牢笼的亲骨肉。一天晚上，它再也经受不住这种感情上的折磨，终于铤而走险，带着抱错的幼猴来到了猴房……就这样，为期一周的群猴越“狱”风波平息下来了。

你知道吗：猴子是智能动物

猴子越“狱”事件表明，猴子能模仿，会学习，能事先用心思量，定好主意，然后行动，也能解决一些以前遇到的困难。也就是说，猴子是一种有一定智能的动物，能适应环境，随机应变，有独特的谋生本领。

避敌篇思考题

1. 松鼠为什么长着大尾巴?
2. 为什么大多数鱼的背上是灰黑色，而腹部却是白色的?
3. 蝴蝶翅膀上的花纹有什么用处?
4. 鸟睡觉时为什么频频睁眼?